現代系統管理
可靠及永續的系統管理

Modern System Administration
Managing Reliable and Sustainable Systems

Jennifer Davis 著

林健翔 譯

目錄

推薦序

在經歷多年數次跳槽之後，我終於在一家大型金融機構得到一份系統管理員的全職工作。負責管理伺服器和執行 Shell 腳本程式的人是在二樓，而負責開發應用程式的人員位在三樓。我從未想過為什麼我們之間會隔著一部電梯，也未曾質疑過為何多次的溝通是透過支援工單而非面對面交流。但，這就是職務架構。

在冬季的假日，我有幸成為這家公司的一員，猜猜看是誰沒有休假時間？我發現自己總是孤伶伶地坐在二樓處理支援工單。開發人員開啟了部署請求工單，而我要在每台伺服器上執行腳本程式來完成這些請求並將工單結案。終於，我對這個流程感到厭倦，於是寫了一個腳本程式，基本上能夠替我自動完成任務。在一組不同機器上執行腳本程式，現在不用 30 分鐘，一分鐘之內就能搞定，使得工單結案速度和開啟速度幾乎一樣快。有一天，一位來自三樓的人來訪，詢問處理工單為何這般迅速。我向他展示了如何透過撰寫腳本程式自動化工作流程，結果意外地獲得了一個更佳的職務。隨著工作不斷面對新的挑戰，因此我決定跳過中間環節，把自己的辦公桌搬到了三樓，使開發和維運之間的界線不再涇渭分明。

可惜好心未必有好報。管理部門告誡，我已經違背業界規則所規範的流程，並對團隊其他成員帶來錯誤的示範，因為工作內容根本沒有要求系統管理員學習程式設計、協助 Q/A 自動化測試，或者定義全新的工作方式。越是不拘一格、標新立異，就越是遭到那些墨守成規之人的反彈。

經過大約一年的時間成功完成專案，我逐漸開始理解自己那種非傳統工作風格的用處和重要性，同時也領悟到獨行俠的工作方式非長久之計，再棒的工具也無法取代一個優秀的團隊。這個時候協理（我曾經未經他的許可就擅作主張而且違背過他）剛開完一場會議回來，拉著我到一旁說：「我終於明白你在做什麼了，原來有一個詞可以形容它：DevOps（開發及維運）。」

過去十年來，DevOps 常被錯誤地用來描述現代系統管理；但實際上，為了在日新月異的環境下生存，DevOps 只是我們必須採取的最新做法之一。現代系統管理不僅僅局限於一種做法，也不能完全被一種工具或個人貢獻所決定。雖然對某些人而言，DevOps 成為專業道路發展上的一顆北極星；但太多人只走 DevOps 的路並迷失方向。這本書就像一份地圖，象徵現代系統管理的眾多起點和道路，由一位曾走過許多路的人所記錄。Jennifer 不僅提供指引方向，還提供了相關資訊，協助讀者瞭解這條路存在的原因，不僅讓你能夠追隨他人的腳步，還能幫助你開拓出屬於自己的道路。

— *Kelsey Hightower*

前言

當我開始做第一份系統管理員工作時，前輩告訴我需要研讀紅皮書，即 Evi Nemeth 等人所著的 *UNIX System Administration Handbook* 第二版（Addison-Wesley 出版），並出席 USENIX LISA 會議（這是首次專門針對大型網站和系統管理的會議，在當時指的是服務超過一百位使用者的規模）。那些前輩的說法沒有錯，從這兩次經歷中我學到了很多東西。研讀紅皮書讓我對硬體和 Unix 服務打下了扎實的基礎。由於紅皮書蘊涵了作者們的實務經驗和智慧結晶，它比任何現有的手冊都更有價值。在首次參加 USENIX LISA 會議時，我從 Evi Nemeth 的「系統管理的熱門主題」課程中瞭解到終身學習的重要性，並從 Mike Ciavarella 的課程中學會了系統管理文件的撰寫技巧。我在非正式聚會和資訊分享會上遇到許多其他志同道合的系統管理員，彼此在大廳走廊上交流。

除了具體的技能或技術之外，我還學到了以下幾件事：

- 系統管理工作通常涉及多個專業領域，需要不同類型團隊之間的合作。
- 冷知識有時會出奇不意地派上用場。
- 經驗對於學習和教學相當重要，這也是冷知識變得實用的原因。

儘管如此，我仍然感覺到系統管理的實務和理論之間彷彿存在一種隔閡和距離。從那時起，我發現永遠不會有一本書能夠指導你如何面對可能遭遇的一切狀況。當然，我們可以透過分享經驗來學習，但每個人都是在特殊環境下，為了維護特定系統而走出屬於自己的道路。

如今，系統管理員在建立、部署和執行擁有數千甚至數百萬使用者的系統時，必須學習和使用越來越多的技術以及第三方服務。

有鑒於此，我想在本書中分享一些自己的經歷，並著重在一套概論和實務精華，幫助讀者展開進行組裝、執行、擴充及最終移交系統之旅。

本書適合的對象

我特地撰寫此書，為所有系統管理員、IT 專業人士、支援工程師和其他維運工程師提供指南，一窺當代維運技術和實務的全貌。

本書也適合開發人員、測試人員以及任何希望提升維運技能的人閱讀。我明白有時團隊內的成員並非專司維運，然而這群人有義務清楚瞭解系統，才能提升自己的工作表現。

我試著將重點放在支援所有現代維運工作的準則與實務。同樣的，我也知道自身的經驗（主要是有關分散式系統的 Unix 風格管理）塑造了個人的觀點。本書所有內容與絕大多數系統管理員的工作相關。每個組織皆有不同的需求，這些需求將主導系統管理團隊的行動。舉例來說，假設你主要負責管理站台基礎設施（如 Wi-Fi 熱點、印表機和手機），那麼第三篇的內容也許與你無關。

本書不適合的對象

這本書並非工具、軟體應用程式或特定作業系統的參考指南，因為市面上有許多優質的參考資料可供深入研究這些特定主題。然而在適當的場合，我會推薦一些資料來幫忙提升讀者的技能水準。

假如你在尋找特定工具的使用手冊，渴望按部就班的學習系統管理指南，那麼本書並不適合你。在這方面，有很多關於作業系統和應用程式的書籍和資源可供參考，這裡有一些我推薦的書籍：

- 針對一般 Unix 管理方面的書籍，建議參考紅皮書 *UNIX and Linux System Administration Handbook* 第五版，由 Trent R. Hein 等人所著（Addison-Wesley 出版）。

- 針對一般系統和網路管理擁有數十年經驗的讀者，建議參考 Thomas A. Limoncelli 等人所著的兩本書籍：

  — *The Practice of System and Network Administration: Volume 1: DevOps and Other Best Practices for Enterprise IT* 第三版（Addison-Wesley 出版）

  — *The Practice of Cloud System Administration: DevOps and SRE Practices for Web Services* 第二版（Addison-Wesley 出版）

- 對於需要深入研究資料應用系統的讀者，建議參考 *Designing Data-Intensive Applications*，作者 Martin Kleppmann（O'Reilly 出版）。

- 如果你看重的是微服務管理，建議參考 *Building Microservices* 第二版，作者是 Sam Newman（O'Reilly 出版）。

本書範圍

身為系統管理員的我們，時間都集中在系統層面及整體合作上（對於我們負責的系統範圍而言）。沒有人能告訴你如何做好這一切，但我可以指導讀者善用某些方法和工具，協助掌握這門領域，令你更有自信並與其他同事建立良好關係。

若是只能告訴你一件事

系統，基本上就是凌亂的。假設在某個地方，有人已完美地掌握了管理系統的方式，他們的流程和工具能夠維持系統的完好如初。當然，一些有經驗的人會樂於分享建議，儘管這些建議有所幫助，但仍須牢記下列幾點：

- 他們的經驗可能不適用於你的環境或困難挑戰。

- 他們不懂所不知道的事情。他們或許不曉得影響他們成功結果的其他因素。

- 他們的最佳方案也許可行，因為他們的系統反映了其設計和執行方式。

你不再是一人孤軍奮戰。有時候，光靠直覺不見得行的通。科技發展日新月異，規則不斷改變，世上沒有真正的萬事通。無論你是涉獵廣泛、擁有通才的知識，或是擁有一門深入、專精的知識，但知識仍然有限。採取合作方式可以讓你從多個角度增加見識，有效地管理你的系統。與他人合作表示採取不同於平常的做法。合作需要傳達意圖，讓他人能夠更加理解你正在處理的問題，以及解決問題的重要性與過程。

若是只能告訴你另一件事

當系統出現錯誤且問題無可避免，不要默默地獨自承受壓力。既然錯誤已成既定事實，那就勇於尋求協助。一旦肩負著維護系統方面的重大責任，這種壓力就會對身心健康產生負面影響。有諸多方法可以讓你的系統運作漸入佳境，毋需為了追求完美無瑕的系統而犧牲健康。唯有善待自己，才能擁有悠長的職業生涯。

本書結構

本書使用了以下排版格式：

斜體（*Italic*）

　　表示新名詞、網址、電子郵件地址、檔名和副檔名。

等寬字體（`Constant width`）

　　用於程式碼顯示，以及段落內用於表示程式碼的相關敘述，例如變數和函式名稱、資料庫、資料類型、環境變數、陳述式以及關鍵字。

等寬粗體（**`Constant width bold`**）

　　用於顯示應由使用者直接輸入的指令或其他文字。

 此圖示代表提示或建議。

 此圖示代表一般注意事項。

 此圖示代表告誡或需要注意的事項。

致謝

撰寫一本書極為不易。在一場數百萬人喪生、全球系統被壓垮，造成疾病大流行期間下寫一本書，內心實在五味雜陳（特別是寫一本關於管理系統的書）。

由衷感謝眾多人的協助，令本書得以付梓。

非常感謝 Evi Nemeth（*https://oreil.ly/vmPXm*），以她自己的「系統管理」聖經和座談指導，在系統和網路管理領域建立了分享和終身學習的文化。

感謝那些審閱初稿並提供回饋意見的人們：Chris Devers、Yvonne Lam、Tabitha Sable、Brenna Flood、Amy Tobey、Tom Limoncelli、David Blank-Edelman、Bryan Smith、Luciano Siqueira、Steven Ragnarök、Æleen Frisch、Jess Males、Matt Beran 和 Donald Ellis。對於定稿內的任何錯誤，我都會承擔全部的責任。

感謝 Chris Devers，從早期的初稿章節開始，你就一直參與其中，提供你個人的想法、措辭和經驗觀點。

特別感謝 Tomomi Imura 為本書繪製的插圖，他的才華真是令人嘆為觀止。

感謝 O'Reilly 整個團隊，你們使得本書得以實現。特別感謝 Virginia Wilson，她是一位非常有耐心的開發編輯，在幫助我找到合適措辭一事上發揮關鍵的作用。有了她的支援，本書內容和我的寫作能力都有飛躍性的進步。

在本書撰寫期間，我對給予出來的關愛和包容感到無比感激。如果沒有 Brian 的支持，維持家庭的運轉和幫忙照顧 Frankie，並成為我的第一位讀者，這本書就不可能完成。謝謝你 Frankie，讓我始終保持樂觀和無限的想像力。Frankie、Brian 和 George，我實在太愛你們了。

非常感謝所有積極參與 USENIX LISA、SREcon、CoffeeOps 和 DevOps 社群的人，分享他們的故事並為產業技術的發展做出貢獻。在此，我要向你們所有人致上深深的敬意。

現代系統管理簡介

系統是由一組元件及它們之間的關係所組成，形成一個複雜的完整體系。你的基本目標是從系統引發的混亂當中，以永續方式有效管理你的系統。系統管理方法沒有標準答案，但在理解系統的過程中，你可以選擇不同的路徑來減少身體和心理上的負擔，並建立一個終身的事業，面對令人感興趣的挑戰。

本書編排之目的旨在提供讀者準備旅程所需的資源，採用現代系統管理的技術、工具和實踐方法。在這個簡介當中，將替各位提供一些更高層次的目標，幫助你制定自己的路徑，以可靠和永續的方式管理你的系統。

展開你的地圖之旅

在很多方面，系統管理員就像踏上荒野的徒步者。如圖 I-1 所示，我們希望在某個地方有一張地圖，確切告訴我們該做什麼及何時去做；只要遵循這張地圖，就能實現完美的系統維護。想像自己即將踏上明亮的道路，慶幸找到的地圖具備了明確的里程碑和目標。

然而現代系統管理更像是圖 I-2，你可以透過一些萬用工具來為旅程做好準備：基本和關鍵實務包括組裝、監控系統及增減系統的規模。你無法預測旅程上具體需要的工具有哪些，以及如何使用它們。一旦機會降臨，就能準備好做出這些決策並付諸實行，而且你不必獨自一人去做這些事情！

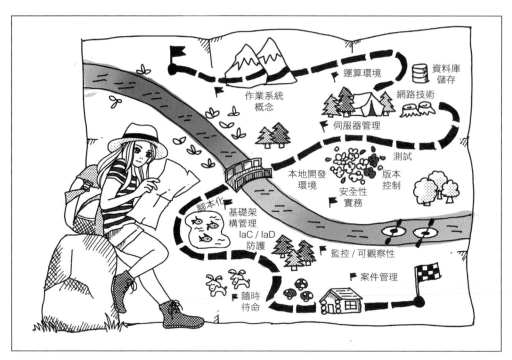

圖 I-1　這張圖片是大多數人心中想像的情景：一張清晰的地圖，具有明確的目標和獨自的旅程，幫助我們找到正確的資源並學到正確的觀念。很遺憾，這並不現實（圖像作者 Tomomi Imura）。

你必須根據每個組織和加入團隊的需求來調整實現高效系統管理的旅程。最終的結果，里程碑和目標會有所不同。

在徒步旅行時，你不會知道沿途道路的每一個轉向。即使走過相同的路徑，可能會遇到新的挑戰：道路被沖毀，或者你不想引起野生動物的注意。在系統管理中，你會遇到意料之外的問題（如同道路曲折和轉向），這些問題會影響你的努力結果。因此，你要從錯誤中吸取教訓，嘗試不同的路線，尋求幫助，並不斷努力，直到抵達目的地。

圖 I-2　沒有任何資源可以確切告訴我們該如何管理我們的系統。前方的道路不明，地形永遠不會和地圖相符；但憑藉著正確的工具和合作夥伴，我們可以充滿信心地前進，因為我們相信能夠應付未來的任何挑戰（圖像作者 Tomomi Imura）。

這本書提供讀者建立模式和行為的訣竅，把時間和精神集中在需要的地方，以便建構出優質、可靠和永續的系統。你所肩負的責任規模和範圍不盡相同，或許你需要負責一切，平衡整個組織和特定工程的主導權；也可能管理「IT 骨幹」以及公司的業務運作，甚至必須支援一個產品的特定基礎設施。

當問題浮現時，你要在不傷害自己身體和心理健康的情況下維護系統。當你達到目標時，你的工作並未完成。對於終身職業來說，隨著技術和實務的演變，你必須不斷調整以適應新的道路和地形。

接受心態的轉換

為思維的成長開始做好準備，相信自己可以隨著時間增長自己的能力和才華。你可以持續更新自己的技能和知識，並堅持面對失敗和挑戰。

在整本書裡，我分享了不同的模型，讓你能夠思考你所管理的系統。模型有助於理解和交流，有助於解釋概念和想法，並提供彼此共同的交談方式。沒有一種模型是完美的，也不可能做到。當你思考這些模型所代表的系統時，請記住梵谷所寫的話：「你的模型不是最終目標」[1]。當維護你的系統時，若模型未能替你提供一個良好的框架，那就要當心。

利用架構程式碼和五層互聯網這類的模型，可以處理、建立視覺化和解釋你的系統。從經驗中獲得啟發，制定新模型，促進系統管理的實踐和技術發展。

現代系統管理的關鍵事實是系統的規模和複雜度日益增加，因為「軟體在吞噬這個世界」。無論是採用新的實務還是技術，為了提高效率，必須認識變化，增進對實際工作的理解。

這份工作是什麼？

你的職責是建立、配置和維護可靠且永續的系統，而系統可以是特定的工具、應用程式或服務。儘管組織內的每個人皆應關心系統的運行、效能和安全性，但你的角度更應專注於這些數據的測量，同時考慮組織或團隊的預算約束，以及工具、應用程式或服務使用者的具體需求。

無論你是管理數百個還是數千個系統，只要在系統上具有升級的權限，你就是系統管理員。不幸的是，許多人從工作相關的任務或個人工作內容來定義系統管理。一般情況下，這是因為這個角色界定模糊，常常超出自己的責任範圍，承擔所有其他人不想做的工作。

---

1 梵谷在給弟弟的信中引述狄更斯說：「你的模型不是最終目標，而是賦予你思想和靈感的形式和力量的手段」（*https://oreil.ly/5nkDi*）。

許多人將系統管理員形容為「工友」的角色[2]，負責在系統出現問題時進行修繕的工作，尤其是在系統無法正常運行的時候。儘管公司裡的清潔工角色至關重要，然而將這兩個職位劃上等號，對兩者都不公平。

對系統管理員更貼切的比喻包括水電工或空調專家。人們往往把現代住宅和企業具備水、電和空調控制系統視為理所當然，但這些系統需要訓練有素的專家來建置、安裝、維護和修復，以確保它們的安全和運作正常。

角色的各種講法

在過去 10 年裡頭，我對「系統管理員（sysadmin）」的角色產生了不諧調的感覺。「系統管理員」究竟是什麼，這困惑我很久了。系統管理員是維運者嗎？系統管理員是擁有 root 權限的人嗎？隨著人們試圖拋下過去，頭銜和稱謂方面出現了爆炸性的成長。當有人對我說：「我不是系統管理員，我是基礎架構工程師」，我意識到不僅僅是我有這種感覺。

一些組織已經重新命名了他們的系統管理員職位，以便跟上業界變化的潮流。不要因為職稱而限制了你的機會。

形形色色的系統管理

負責管理系統的職稱包羅萬象，如系統管理員、網站可靠性工程師（SRE）[3]、DevOps 工程師、平台工程師及雲端工程師等。角色的各種稱謂表示需要稍微不同的技能。例如，「SRE」通常是指工程師同時是具備維運技能的軟體工程師。對於 DevOps 工程師的看法，人們通常假定工程師至少擅長一種現代程式語言，並擁有持續整合和部署方面的專業知識。更常見的情況是，這只是一種稱呼，不一定是統稱。有時候團隊會定義完全不同的角色，並根據組織的需求來要求特定的技能。為了避免和期望有落差，在評估某個角色是否適合自己時，應直接與團

2　請翻閱 Thomas Limoncelli 等人所寫的書《系統和網路管理實務》（Addison-Wesley 出版），在附錄 B（*https://oreil.ly/JYWCK*）中列出許多系統管理員的角色。

3　請從 Alice Goldfuss 的部落格文章〈如何成為 SRE〉（*https://oreil.ly/wALwU*）和 Molly Struve 的部落格文章〈成為網站可靠性工程師的意義〉（*https://oreil.ly/35Es6*）中，瞭解更多有關成為 SRE 的資訊。

隊進行確認。例如在不同組織內，SRE 縮寫可能表示網站、系統、服務可靠性或是彈性工程的意思。

作為一門工程專業來說，系統管理的一部分是藝術，另一部分是科學。它是一種對工作的處理方法（如設計、建置及監控系統），需要考量到安全性、人為因素、政府法規、實用性和成本的影響。有數百種不同的方式可以完成某件事。你的知識、技能和經驗將決定你的做法，同時利用你的分析能力來監控影響和成功率，決定何時花費（或節省）金錢或時間，並考慮支援系統所需的人力成本。

擁抱不斷演變的實務

隨著技術的發展，管理技術的實務也在不斷適應。要隨時準備好採用新技術，才能跟上不斷變化的平台，減少系統的影響和維護性。

當衡量系統的可靠性，且組織為了改善可靠性而進行轉型時，基本的系統管理和開發就會自動發生變化。如今更常見的做法是每個人參與提高產品的可靠性，而非一個團隊獨自承擔大部分支援工作以保持系統或服務的運行。SRE 團隊有權幫助減少系統的總工作量[4]。

擁抱合作

對於環境變化的速度、複雜性以及失敗固有的風險，建議採取以下行動：

- 聚集來自不同領域的專業人才（如開發、維運、防護和測試）。
- 以整合提案取代妥協，使最終解決方案能夠涵蓋多個角度。

建立信任感和心理安全感需要真正的努力，以鼓勵人們表達他們的意見和觀點。當團隊成員在彼此之間產生心理安全感時，他們會感到放心、勇於冒險、不怕失敗並且願意表現脆弱的一面。例如，團隊中的個人如果感受到高度的心理安全感，他們將會積極分享自己需要幫助的情況。這是因為建立了相互支援機制，有助於防止系統的失敗。

4　請從 Stephen Thorne 發表有關 SRE 原則的 Medium 文章中，來瞭解減少辛勞及其對團隊的影響（*https:// oreil.ly/SpiwZ*）。

鼓勵提問的文化讓人們勇於提出深入的問題，幫助每個人達成共識（朝著同一個目標努力），並增加智慧與勇氣（專家也會犯錯）。一些問題包括：

- 為什麼？為什麼我們要這樣做？為什麼它運作方式是這樣的？
- 你能幫助我理解你的觀點嗎？
- 你有考慮過其他解決這個問題的方式嗎？

這是 Google 人力營運部門透過「re:Work」研究計畫，找出高效團隊的首要關鍵動力，供讀者瞭解更多關於心理安全感的資訊（*https://oreil.ly/uTpZU*）。

擁抱合作有助於和他人共事愉快。當你需要他們的時候，你的合作夥伴就會提供支援且樂於這麼做，因為你已經和他們建立了良好的人際關係，等待的就是這一天。

擁抱永續性

永續性是衡量一個系統的能力，使系統中的人們能夠成長茁壯，在工作的同時過上健康的生活。無論你的工作規模如何，有八種指標可以衡量工作的永續性：

效能

　　衡量系統在一段時間內執行實質工作的能力。系統效能的定義視建構的服務或產品而異。

可擴展性

　　衡量系統在新增和移除個別元件的適應能力。

有效性

　　衡量系統按預期運行的時間長短。

可靠性

　　衡量系統在一段時間內如何始終有效地執行其特定目的。

可維護性

　　衡量部署、更新和淘汰系統的輕鬆程度。

簡單性

衡量新進工程師理解系統的輕鬆程度。

易用性

衡量用戶對系統的滿意度。

可觀察性

當系統出錯時，衡量你對系統觀察的瞭解程度。不過，並非所有系統都需要高度的觀察性。

在接下來的章節中，我將分享不同的技術和實務，改善讀者對衡量標準所設定的目標，進而提高系統的永續性。

總結

你的旅程會根據系統和支援這些系統的人而有所不同。無人能提供完美定義的檢查清單來告訴你需要學習或執行的項目及執行時機。但你可以透過適當的工具箱（理解基本原則和關鍵實務及組建、監控和擴展系統）來替自己做好準備。

成為一名系統管理員的意義不斷在修正。運用新的技術和實務，對於思維的成長與維持終身職業所需的才能和技能將有所助益。

請求他人的協助並築起合作關係，透過建設心理安全感來有效地與團隊協力合作。運用模型來補足你的理解，並以此基礎來增進系統管理實務。

擁抱永續性可以使你成長茁壯，並擁有一個支撐你管理系統的完整職業生涯。

關於系統推論

第一篇共分四個章節，主要介紹系統的基礎知識以及面對不同解決方案時如何做出抉擇。用「最佳」一詞來談論解決方案的意義並不大。相反地，讀者需要瞭解有哪些可用的方案，對什麼情況是「最適合」的，以及它在系統中的環境。這個環境涵蓋了一系列不斷變化而相互衝突的目標、人員和不同要素，彼此構成運轉的系統。「系統思維」鼓勵你思索系統的各項組成，及它們和目前問題之間的互動關聯，使你更透徹的理解系統的演變。

第一章

互連模式

打個比方，設想一下你正在與朋友一起製作蛋糕。你已按照食譜來混合所有的食材（油、麵粉、雞蛋和糖），且外表看起來相當不錯，可是當你嚐味道時，有些地方卻顯得不太對勁。要成為一位成功的烘培師，你必須掌握蛋糕所有的成分（麵粉與脂肪的比例等），以及它們如何影響成品的品質（例如味道與口感）。舉例來說，如圖 1-1 範例，我們的烘培師沒有意識到芝麻油對於以製作蛋糕來說，芝麻油並不是合適的油品。

換個角度來看，把烘培師換成**系統管理員**，將烘培師手中原料的黃金比例換成你系統內相互連接的電子元件（譬如，智慧型手機、嵌入式裝置、大型伺服器和儲存陣列）。要成為一位成功的系統管理者，你必須瞭解這些元件如何以協同模式進行連結，從而影響你的系統品質（例如可靠性、可擴充性與可維護性）。

本章將協助讀者對系統進行分析，並檢視其中的互連模式，以理解系統設計背後的思維。

圖 1-1　系統建模的知識（圖像作者 Tomomi Imura）

如何建立連結

工程師們選擇架構模式，可處理代表工作負荷的非一次性解決方案（例如批次處理、網路伺服器和快取）。這些模式亦稱為模型，其中傳達了對系統設計的理念共識[1]。

從企業內部到雲端運算環境，可重複使用的解決方案正不斷發展茁壯，能夠支援切割開來的小型服務[2]。這些模式取決於系統元件及元件彼此間的連接來塑造系統的可靠性、可擴充性與可維護性。

---

[1] 見 Martin Fowler 在 martinfowler.com 網站所發表的「Software Architecture Guide（*www.martinfowler.com/architecture*）」最後一次修訂於 2019 年 8 月 1 日）

[2] 詳見 Sam Newman *Building Microservices* 第三章（*https://oreil.ly/SSx0B*）（O'Reilly），以瞭解更多關於拆解服務的詳細資訊。

我們將針對系統設計使用到的三種常見架構模式進行探討，讓讀者可以看到這些架構的使用如何影響（和限制）它們的變革與系統品質（可靠性、可擴充性與可維護性）。

分層式架構

最廣為人知的模式是通用分層式或分層架構模式。工程師們通常將這種模式應用於用戶端——伺服器應用程式，諸如網頁伺服器、電子郵件和其他商業應用。

工程師將元件組織到水平層之中，每一層扮演特定角色，將每一層的關注點與其他層分開。各層通常緊密耦合，具體取決於與相鄰層的請求和回應。因此，你可以在每一層當中更新和部署元件。

雙層系統由用戶端和伺服器組成。三層系統包括一個用戶端和另外兩層的伺服器；表現層、應用層和資料層經由抽象化而成為不同的元件。在多層次架構系統中，每一層可以拆分為獨立的邏輯層。根據系統的需求（例如彈性、安全性和可擴充性），可能超過三層以上。隨著每一層的加入，可擴充性和可靠性也會隨之增加，因為各層在關注點之間分隔開來，能夠單獨進行部署和更新。

微服務架構

微服務系統是一種分散式架構，並非分層式架構，而是由眾多小型獨立的業務程式單元所組成。微服務屬於小型的自主服務。由於每個服務都是獨立的，因此可以單獨開發和部署程式。此外，每個服務都可以針對其使用案例來採用最適合的語言或框架。

微服務提高了系統的可擴充性和可靠性，因為它們可以根據需要來獨立部署，並與系統中的故障點隔開。

將服務拆解為微服務會降低可維護性，因為這會增加系統管理員的認知負荷。若要瞭解系統，讀者需要理解每個獨立服務（即語言、框架、建置和部署管道以及任何相關環境）的所有詳細資訊。

事件驅動架構

事件驅動架構是一種分散式非同步模式，支援應用程式之間的鬆散耦合。不同的應用程式不知道彼此的詳細資訊。相反的，它們是透過發佈和處理事件進行間接交流。

事件定義為發生了某事，是可以被追蹤的事實[3]。系統產生事件。在事件驅動的系統中，事件生產者會建立事件，代理者引入事件，而事件消費者收取和處理事件。

事件驅動系統有兩種主要模式：訊息傳遞（或發佈 / 訂閱）和串流。

事件生產者或發佈者將事件發佈到事件訊息傳遞系統內的代理者。代理者將所有已發佈的事件傳送給事件消費者或訂閱者。訊息代理者從發佈者接收已發佈的事件，維護接收到的訊息順序，使其可供訂閱者使用，並在事件被處理後加以刪除。

在事件串流系統中，事件被發佈到分散式日誌（僅允許附加的永久性資料儲存）。因此，事件消費者可以處理他們想要的串流中的事件，並且可以回溯該事件。此外，分散式日誌會在事件被使用後保留事件，這意味著新訂閱者可以在訂閱之前訂閱已發生的事件。

由於元件的組成屬於鬆散耦合，因此系統的各部分不必顧慮其他元件的運作情況是否良好。鬆散耦合的元件可以獨立部署和更新，從而提高了整個系統的彈性。事件持續性允許系統回溯發生失敗時的事件。

表 1-1 歸納了讀者將在系統看到的三種常見架構模式比較：可靠性、可擴充性和可維護性。

表 1-1　架構的可靠性、可擴充性和可維護性比較

	分層式	微服務	事件驅動
可靠性	中（與系統緊密耦合）	高	高
可擴充性	中（限制於各層）	高	高
可維護性	高	低（降低簡潔性）	中（降低可測試性）

3　CloudEvents（*https://cloudevents.io*）是一項由社群推動的工作，旨在定義以一種標準方式描述事件資料的規範，以實現橫跨不同的服務和平台。

想當然爾，這些並不是讀者在系統設計範疇所看到的唯一模式。詳情請參考 Martin Fowler 的網站 the Software Architecture Guide（*https://oreil.ly/Sf5IC*）。

元件之間的交流方式

系統的元件並非自我隔離於外，每個元件都會與系統的其他元件進行通訊，這種通訊可能由架構模式來通知，譬如用於多層式架構的 REST（*https://oreil.ly/CmRCT*），還有用於事件驅動架構的 gRPC（*https://oreil.ly/MzO9n*）。

有若干不同的模型用於表示元件如何通訊，例如網際網路模型、五層式網際網路模型、TCP/IP 五層式參考模型，以及 TCP/IP 模型。雖然這些模型看起來非常相似，但它們有細微的差異，這些差異也許會告知人們如何思考它們為通訊而建立的應用程式與服務。

當個人或一組工程師發現需要改善的地方時，他們會撰寫建議需求（Request for Comment，RFC），並呈交給同儕進行審查。網際網路工程小組（IETF）（*https://oreil.ly/ydfJn*）身為一個開放性的國際標準組織，採用一些建議的 RFC 作為定義官方規範和協定的技術標準，致力於維護和改善網際網路的設計、易用性、可維護性和互通性。這些協定規範定義了設備之間如何相互通訊，同時大致遵守網際網路模型。隨著網際網路的發展和人們需求的變化，這些協定也不斷日新月異（有關這方面的範例，請參閱附錄 B）。

如表 1-2 所示，五層式網際網路網模型顯示了五個不連續的分層。每一層以自己特有的協定來透過介面與上下層做溝通。對系統進行分層能夠劃分每一層的責任，並允許建立（和修改）不同的系統部分，也允許各層之間的差異化。

表 1-2　五層式網際網路模型與協定範例

分層	協定範例
應用層	HTTP, DNS, BGP
傳輸層	TCP, UDP
網路層	IP, ICMP
資料鏈結層	ARP
實體層	銅纜、光纖

就像圖 1-1 的蛋糕一樣，沒有任何脆皮層能夠準確地告知你哪裡出現了問題。實作協定並不要求嚴格遵守規範，也不需要層層相疊。例如，邊界閘道協定（BGP）決定了傳輸資料的最迅速和最有效率的路由協定。由於該協定的實作，人們可以將 BGP 歸納為應用層或傳輸層協定。

網際網路模型的各層提供了一種框架環境，令讀者能將注意力集中於應用程式的要素：原始碼和其相依性，或位在較低的實體層，將複雜的通訊模型簡化為易於理解的單元。然而，也許偶爾會遭遇環境簡化的情形，卻仍無法協助你理解究竟發生何事的狀況。欲要提升理解能力，需瞭解各部分如何相互運作，以及它們如何影響系統的品質。

瞭解更多協定的相關資訊

如果你的職責需要管理網路或實作協定，請查閱 Andrew Tanenbaum *Computer Networks*（Pearson），Kevin R. Fall 和 W. Richard Stevens *TCP/IP Illustrated, Volume 1: The Protocols*，2nd edition（Addison-Wesley）和 RFC 系列網站（*https://oreil.ly/1DYQT*）。

接下來讓我們更詳細地瞭解應用層、傳輸層、網路層、資料鏈結層和實體層。

應用層

首先從網際網路模型的頂層開始探討應用層。應用層描述了應用程式經常直接互動的所有上層協定。此層的協定處理應用程式介面該如何與下層的傳輸層傳送和接收資料。

若要瞭解應用層的觀念，請將重心放在基於應用層協定所實作的函式庫或應用程式。譬如，當客戶使用坊間流行的瀏覽器存取你的網站時，將執行以下步驟：

1. 啟用瀏覽器呼叫函式庫，使用網域名稱系統（DNS）獲得網頁伺服器的 IP 位址。

2. 瀏覽器發起 HTTP 請求。

DNS 和 HTTP 協定是在網際網路模型的應用層之內運作。

傳輸層

Internet 模型的下一層（傳輸層）負責處理主機之間的網路流量。有兩種主要協定：傳輸控制通訊協定（TCP）和使用者資料封包通訊協定（UDP）。

從過往經驗來看，UDP 源自於基礎協定，如 PING/ICMP、DHCP、ARP 和 DNS，而 TCP 一直是備受矚目的協定（如 HTTP、SSH、FTP 和 SMB）之根本。然而協定不斷在改變，因為在特殊背景下，較 UDP 更加可靠的 TCP 會談品質，此時存在著效能瓶頸。

UDP 是一種無狀態協定，竭盡所能的嘗試傳輸訊息，但不會驗證網路遠端裝置是否接收到訊息；另一方面，TCP 是一種連接導向的協定，它使用三向交握與網路遠端裝置建立可靠的會談。

UDP 的基本特徵如下：

非連接式

UDP 不屬於會談導向的協定。網路遠端裝置無須事先建立會談即可進行封包交換。

損失性

不支援錯誤檢測或內容修正。應用程式必須自行提供容錯機制。

非阻塞性

TCP 容易受到「佇列前端擁塞（head of line blocking）」問題的影響，其中遺失封包或非持續性接收資料可能導致會談卡關，需要從發生錯誤的地方重新傳輸。使用 UDP 時，非持續性傳輸不會造成問題，應用程式可能會選擇性要求重新傳輸遺失的資料，而無須重新傳送已成功送達的封包。

相較之下，TCP 的基本特性如下：

確認回應

接收方會通知傳送方每個封包的接收狀況。接收方的確認回應（Acknowledgment）並不代表應用程式已接收或處理資料，僅表示它到達了預定目的地。

連接導向

傳送方在傳輸資料之前先建立會談。

可靠性

TCP 負責追蹤傳送和接收的資料。接收方的確認回應可能會遺失,因此接收方不會依照順序去檢查資料段;反倒是會傳送上次監測到的有序封包或重複增加的確認回應。這種可靠性會增加延遲時間。

流量控制

接收方通知傳送方能夠接收多少資料。

請注意,TCP 或 UDP 的設計並未涵蓋安全性。換句話說,這些協定的初始設計缺乏安全性,將造成應用程式和系統實作的複雜性增加,以及協定內容的額外更迭。

網路層

網路層位於網路模型的中間層,網路層在傳輸層和資料鏈結層之間進行傳輸,使得封包基於特有的分級式位址進行傳送,即 IP 位址。

網際網路協定(IP)掌管兩個系統之間的位址,以及資料分割的規則。它要處理網路介面的唯一識別碼,以使用 IP 位址傳送封包。當資料以較小的最大傳輸單元(MTU)傳送通過鏈路,IP 會根據需要拆解和重組封包。IPv4 是最為被廣泛部署的 IP 版本,其 32 位元定址空間是由四組八位數的二進制數字或四組十進位數字(又稱為四段式十進位位址表示法)的字串所組成。IPv6 標準相較之下則更具有優越性,諸如 128 位元的定址空間、更加複雜的路由能力,以及對群播位址的支援更全面。不過,IPv6 推廣的速度很慢,部分原因是 IPv4 和 IPv6 不具互通性,且相較於將所有設定移植到新標準而言,彌補 IPv4 的缺陷通常會更容易些。

底層二進位定義會影響到十進位表示法的範圍,即 IPv4 位址的範圍從 0 到 255。此外,RFC 還為私有網路(*https://oreil.ly/QkHVN*)制訂了保留範圍(私有網路無法透過公共網際網路進行路由)。

網路層的 IP 協定著重於提供遠端裝置唯一的位址,以便與之進行互動,但它不負責資料鏈結層的傳輸,也不處理會談管理(會談管理是在傳輸層進行)。

資料鏈結層

接下來，資料鏈結層利用實體層來傳送和接收封包。

位址解析協定（ARP）處理探索已知 IP 位址的硬體位址。硬體位址亦稱為媒體存取控制（MAC）位址。每個網路介面控制器（NIC）為它指派一個唯一的MAC 位址。

業界希望 MAC 位址是全球唯一的硬體位址，因此網路管理設備及軟體為了設備身分驗證和安全性，而假定此位址為獨一無二。否則出現在同一網路上的重複MAC 位址可能會導致問題。由於硬體製造的生產環節失誤（或軟體設計有意使MAC 隨機化）[4]，確實有機會出現重複的 MAC 位址。

儘管如此，虛擬化系統也可能會發生這種情況，例如從參考映像檔複製的虛擬機器（VM）。倘若多台網路主機回報它們具有相同的 MAC 位址，則會發生網路機能障礙且增加回應的延遲。

人們可以透過軟體來掩飾網路上的 MAC 位址。這種方法稱為 *MAC 欺騙*（MAC spoofing）。一些攻擊者利用 MAC 欺騙展開第 2 層攻擊，試圖劫持兩個系統之間的通訊以入侵其中一個系統。

反向位址解析協定（RARP）會檢查 IP 位址與硬體位址的對應關係，有助於找出同一個 MAC 位址是否具有多個 IP 位址的回應。若是讀者認為網路存在兩台設備共享一個 IP 位址的問題，可能是因為某人設定了靜態 IP，而 DHCP 伺服器早已事先將相同的位址指派給另一台主機的關係。RARP 有助於查明始作俑者。

實體層

實體層將來自上一層的二進位資料流轉換為底層硬體傳輸的電子、光波或廣播訊號。每種類型的物理介質都擁有不同的最大長度和速度。

4　有關 MAC 隨機化問題的更多資訊，請參閱「MAC 位址隨機化：以犧牲安全性和便利性為代價的隱私」（*https://oreil.ly/31Hsf*）。

即使在使用雲端服務時，讀者不必管理機架上的實體伺服器，但仍然須要關心實體層。兩節點之間的實體路由延遲可能會突然增加。假如資料中心出現突發狀況，譬如雷擊或松鼠損毀電纜（*https://oreil.ly/miV4u*），資源就會被重新導向到遠方的備援服務。此外，資料中心內的網路設備可能需要重新啟動，或者纜線降速，或者網卡出現故障。因此透過這些實體元件傳送的請求可能會遇到更多的延遲。

總結

在讀者的環境內，你會遇到這些模式（分層、微服務和事件驅動）與協定。理解系統的架構可以明白元件如何相互關聯和通訊，而你的需求會影響系統的可靠性、維護性和可擴充性。

在下一章，我將分享如何思考這些模式與互連，以及它們如何左右你的機構對運算環境做出的選擇。

第二章

運算環境

讓我們從運算環境開始,一步步深入鑽研推理系統的基本原理。

本章將探討系統的基石:運算。**運算**是一個通用術語,用於描述與一套資源(係指處理能力、記憶體、儲存設備和網路)相關的執行個體。現代的運算不僅僅是系統的技術實現;它還涉及支援建立、設定和部署組織時所需的協同處理方法。在本章裡,我們將討論如何區分運算基礎架構的類型和環境,讓讀者能夠量身打造組織或團隊的需求和技術。

常見的工作負載

工作負載的特性泛指應用程式對系統所佔用資源的壓力值與類型。

讀者管理的系統會有許多應用程式或服務是在生產環境內進行安裝、維護和執行。你所掌控的每個應用程式或服務皆有一套最基本及建議的運算需求(CPU、記憶體和儲存設備),透過這些需求可將應用程式歸類成:CPU 密集型、記憶體密集型和儲存密集型。

我將分別在第 3、4 章分享更多有關儲存和網路的知識。

CPU 密集型的應用程式直接受益於高效能處理器。工作負載的例子包括：

- 批次處理
- 遊戲伺服器
- 高效運算（HPC）
- 多媒體轉碼
- 機器學習
- 科學建模
- 網頁伺服器

記憶體密集型的應用程式直接受益於容量更高的記憶體，且大部分的執行時間耗費在讀取和寫入資料。工作負載的例子包括：

- 快取
- 資料分析
- 資料庫

儲存密集型的應用程式直接受益於低延遲存取時間和隨機 I/O 運作。工作負載的例子包括：

- 資料倉儲
- 資料湖泊
- 資料庫
- 分散式檔案系統
- Hadoop
- Log 或資料處理應用程式

瞭解系統中包含哪些類型的工作負載，有助於評估建立系統所需的資源。就雲端架構來看，通常會根據系統的工作負載最佳化（CPU、記憶體和儲存最佳化）來做出選擇。

在雲端上建置系統時，毋須做出萬無一失的選擇。只要有合理的預算開支，儘管採用的方案並非完美，但亦相去無幾。請參閱第 11 章，瞭解如何利用 infracode 來建置基礎架構。

選擇運算工作負載的位置

讀者的運算環境可能位於採用自動化維運和控管的私人資料中心，有時稱為**本地部署**（on-prem）。或者，你可以利用服務供應商所提供的雲端運算服務。

本地部署

在本地運算環境中，可以透過租賃或購買硬體配備來代管所需的服務，並滿足組織的需求。

你可以針對每個應用程式的工作負載狀況來部署不同的資源。標準化的硬體可簡化部署和設定，但可能會使某些應用程式導致系統資源的不足，同時造成其他應用程式無法充分利用。針對特殊的應用程式需求部署專用的配備，能夠更佳合理化資源的消耗和效益，但會增添管理基礎架構的複雜性。

採用專屬的硬體配備時，可針對不同應用程式來部署不同規格的配備，具體取決於它們是 CPU、記憶體還是儲存密集型應用程式。擁有不同的硬體配備會增加伺服器部署和系統軟體設定的複雜性。

倘若你的組織專營資料中心管理，或者你有客製化的需求，而傳統雲端服務供應商無法提供這些服務時（譬如法規要求），維護私有的資料中心也許相當具有優勢。

部署標準化硬體時，可能會發現在同一系統上部署相互輔助的應用程式大有助益。舉個例子，在同一系統上代管網頁伺服器和資料庫伺服器（兩層式系統架構）可能運作良好，因為它能使服務之間的網路延遲降到最低。另一方面，同時執行這些服務有可能會導致 CPU、記憶體或儲存之間的競爭，使得縱向或橫向改變的決策變得更加困難。留意資源受限服務的熱點和閒置服務的冷點，並思考如何取得最佳平衡，提高系統的能力以滿足未來的需求。

雲端運算

服務供應商通常會使用不同的術語來介紹他們所提供的服務。某些情況會引起混淆，尤其是同一個專有名詞往往代表不同的涵義[1]。

請檢視圖 2-1。此術語表顯示了這些不同概念的重疊性。在堆疊的最上方，功能即服務（FaaS）代表使用者對執行的運算基礎架構擁有最小的控制權。在堆疊的最底部（使用 VM），代表在硬體方面擁有最大的控制權和靈活性，同時也得付出最多的維運成本。

---

[1] 以此概念為例，讀者可以參考 Julia Evans 所撰寫的部落格文章（*https://oreil.ly/bCBhT*），其中解釋了 Google Cloud 和 Amazon Web Services 所提供的身分識別與存取管理（IAM）工具之間的差異。

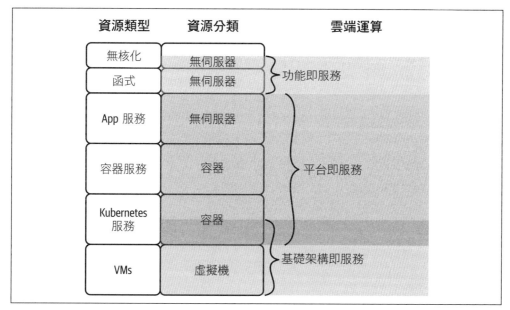

圖 2-1　雲端運算環境

運算選擇

讓我們看一下運算環境內不同類型的運算（無伺服器、容器和虛擬機），以便有一個標準的參考架構。

無伺服器化（Serverless）

無伺服器化架構涵蓋了無核化、函式和應用程式服務（視供應商而定，有時也包括容器）。

無核化（Unikernelss）

無核化屬於輕量級且不可改變的作業系統（OS）映像，被編譯為執行單獨的程序。基於其特殊性和佔用的空間大小，我們將它列入在內。

MirageOS 是其中一個用於建立無核化最早的程式庫作業系統。如想親身體驗學習更多有關無核化的知識，歡迎使用 MirageOS 的教學網站（*https://oreil.ly/fwZex*）。

函式（Functions）

函式是一小段（理想情況是單一用途）的程式碼區塊。讀者需要支付代管服務費用，即可依照需求來維護所需的實體基礎架構，也稱為 FaaS。該平台提供專用或自訂的執行環境。執行環境的限制包括特定語言（例如 Java 或 Go）、程式語言的特定版本或專屬的嵌入式程式庫。熱門代管的 FaaS 包括以下幾種服務：

- AWS Lambda
- Azure Functions
- Google Cloud Functions

還可以透過以下數種方式部署函式框架，為從事的組織提供函式服務：

Fn（*https://oreil.ly/nZxd5*）框架

基於 Docker 的輕量級功能平台。

OpenFaaS（*https://oreil.ly/UTsko*）框架

用於將函式部署到 Docker 或 Kubernetes。

OpenWhisk（*https://oreil.ly/KHVsw*）框架

用於執行函式來回應事件，支援各種程式語言，以及透過 Docker 支援自訂的執行環境。

每種平台的優點和缺點取決於讀者的使用情況。在某些情況下，你的決定可能會將應用程式鎖定於特定的 FaaS 平台。這並不代表無法遷移應用程式，但為維護應用程式的功能可能得耗費更多額外的工作負擔。

其他 FaaS 功能範例包括高可用性、終端負載平衡、請求處理時間、請求的並發性和流量管理。你可以設定所需的 CPU 數量和記憶體大小。使用 FaaS 平台的關鍵在於臨時的場合，並且僅在有需求時啟用。對於新應用程式的初始原型和測試環境，依據儲存和網路配置的差異，也許可以令啟動環境的成本費用更便宜。

服務供應商不對特定的執行個體收費，而是對調用函式、網路使用率和執行函式的運作時間計費。觸發器定義了如何調用函式。支援的觸發器包括：

- 排程

- HTTP 請求

- 基於事件的觸發器

應用程式服務

應用程式服務通常比函式更為龐大。這些平台涵蓋實體基礎架構，包括根據需求將應用程式擴展到其他實體基礎架構、應用程式執行環境，以及提供程式語言所需要的相依性（dependencies）。代管的應用程式服務包括以下內容：

- DigitalOcean App 平台（*https://oreil.ly/uqDV3*）

- Google App 引擎（*https://oreil.ly/tMR6F*）

雖然可獲得比 FaaS 更多的設置選項，但 FaaS 的許多相同功能都能替你包辦。然後，你可以專注於建立和部署應用程式，以及監控必要的系統環境。

容器

從概念上而言，容器（container）是具有可轉移執行環境的獨立程序。在討論容器時，將容器映像和容器執行環境的觀念分開探討，會更有幫助。

容器映像（container image）是固定封裝並具備所需相依性的應用程式，其中包括系統程式庫、工具程式和配置設定。映像是由加入到基礎映像（或父層映像）之上的分層（layer）所組成。

容器執行環境（container runtime）是指容器的安裝與執行。低階執行環境擁有一套受到限制的功能（如資源分配和程序設定），通常用來執行關鍵的設定步驟。高階執行環境具有一組完整的功能（例如，映像管理和網路），通常是你和容器執行環境互動的地方。

下面是一些常見的執行環境例子：

containerd

一種開放原始碼的低階容器執行環境，Linux 和 Windows 均提供支援。

Docker

高階的容器系統。

runC

以 Go 語言編寫的標準低階容器執行環境（Windows Containers）。

容器協調程式管理容器叢集，負責擴充、網路和安全性的相關問題。協調程式的例子包括：

- Kubernetes

- Google Cloud Run

- Amazon App Runner

- Amazon Elastic Container Service（ECS）

- Amazon Elastic Kubernetes Service（EKS）

- Azure Container Instances（ACI）

- Azure Kubernetes Service（AKS）

- Google Kubernetes Engine（GKE）

- Red Hat OpenShift

 請閱讀 Julia Evans 的文章「What Even Is a Container: namespaces and cgroups (*https://oreil.ly/1XDJQ*)」，以獲取關於容器的圖解指南。

虛擬機器

無論虛擬機器（VM）是代管還是由團隊管理，伺服器虛擬化是建立一個環境，使多個作業系統可在同一台實體伺服器上執行。藉由 VM 技術，毋須他人協助，即可在一台電腦上進行安裝，並能同時執行完全不相容的作業系統。

實務上，虛擬化使讀者能夠充分利用主機閒置狀態的硬體資源。

Packer（*https://oreil.ly/IPzf8*）是由 HashiCorp 開發的開放原始碼軟體工具，可針對各種平台從同一份設定檔去建立一致的機器映像，包括 Amazon EC2、MicrosoftAzure 虛擬機、Docker 和 VirtualBox。協助人們能以重複作業方式在不同服務供應商和本地場合建立相似的映像。

伺服器虛擬化的關鍵是虛擬化管理程式（Hypervisor），它是用來協調 VM 和主機硬體之間的底層互動。

虛擬機管理程式是用來建立與執行虛擬機器的硬體、韌體或軟體。依據讀者關注的重點，可提供各種專門和配套完善的資源。請造訪 Brendan Gregg 的部落格文章「AWS EC2 Virtualization 2017：Introducing Nitro」（*https://oreil.ly/8Lisl*），以深入瞭解 Nitro，這是 Amazon Elastic Compute Cloud（Amazon EC2）所使用的虛擬化技術。

設定檔指定虛擬化的硬體資源，包括分配給 VM 的記憶體、CPU 和儲存空間。市面上較熱門的桌上型 VM 軟體包括：

- Microsoft Hyper-V（Windows）（*https://oreil.ly/BIFBK*）
- Oracle VM VirtualBox（Windows、Mac 和 Linux）（*https://oreil.ly/0LAc3*）
- Parallels Desktop（Mac）（*https://oreil.ly/TlcYV*）
- VMware Fusion 和 Workstation（Windows、Mac 和 Linux）（*https://oreil.ly/WfLYx*）

透過虛擬化的幫助，讀者不必為每個正在運作的服務添購專屬硬體。但仍需管理 VM 上的軟體。代管的 VM 方案包括以下幾種：

- Amazon Elastic Compute Cloud （EC2）
- Azure Virtual Machines
- DigitalOcean Droplets（*https://oreil.ly/r8mgZ*）
- Google Compute Engine

運算方式的遴選準則

請考慮下列問題造成的影響,並依據需求選擇適合的運算資源:

你是否想使用現有的實體硬體?

你可以根據內部與外部使用者的需求來客製化這個專屬硬體。建議如下:

- 針對需要管理的系統來分配一台專用的伺服器
- 管理 VM(和實體硬體)
- 管理容器(和實體硬體)

你是否需要特殊的語言或框架來執行應用程式(沒有管理的打算)?

你能使用一小段商業程式碼來實作它們嗎?建議使用函式服務。否則,若支援你所使用的語言,請使用 App 服務;倘若不支援,就使用容器服務並建立自訂的映像。

你是否需要特定的作業系統?

可以使用平台即服務(PaaS)或基礎架構即服務(IaaS)。

你是否需要迅速回應增加的需求?

請選擇 FaaS 或 PaaS。

你的應用程式需要分佈在多廣的地區範圍?

請檢視各個雲端服務供應商,以確定符合分佈區域的最佳選擇。

選擇服務時應考量的道德因素

讀者還應該考量供應商是否擁有社會道德責任(譬如,對於氣候變遷、貧富差距或採購倫理問題的立場)。在當今世界的社群媒體面前,你的供應鏈帶來的負面影響不再能輕易掩飾。由於公眾對勞工或道德方面議題的關注,有許多公司不得不因此中止生產線並更換其供應商。

貴公司應針對供應鏈進行審核,負責供應商決策的主事者應該能夠做出符合商業倫理的判斷。如今,道德相關議題必然成為組織財務關切的一環。

伺服器虛擬化、容器化和無伺服器運算方案都可以在獨立環境內執行軟體，並具有一致的相依性、程式庫、二進位檔案和設定，確保可靠和一致地重複使用；它們之間在隔離性、啟動時間和可攜性方面存在差異。

隔離性

無伺服器運算的隔離性是不透明的。函式或代管的應用程式可以在容器或 VM 內運作。有了容器，單獨一個 Linux 系統核心便能承載多個容器化的應用程式。對於虛擬化而言，同一個虛擬化管理程式能夠承載多個虛擬化的作業系統，每個作業系統都有自己獨立的核心。

理想情況下，函式應該很小且用途單一，並運用平台來管理執行環境。你的容器可能封裝一個有數 MB（百萬位元組）大小的應用程式。結果 VM 將會變得更大，因為它必須包含完整可執行的作業系統映像；其大小可能從數百 MB 到數 GB（十億位元組）不等。

這代表容器的隔離性並非萬無一失；如果容器執行環境或主機系統核心存在漏洞，攻擊者可能會從容器脫離，並存取到實體主機。

啟動時間

所有 VM 都需要像其他電腦一樣開機，這可能需要花費幾分鐘時間。容器在啟動時不會對硬體進行初始化，這表示它們可在數秒鐘內啟動，並且當不再需要它們時，也同樣可以迅速的將其關閉。

可攜性

容器更適合在同一主機作業系統上執行多個應用程式執行個體，而 VM 更適合在共用主機伺服器硬體上執行多個異質平台的作業系統。

最後，在設計系統架構並考量使用無伺服器解決方案時，有三大方向需要斟酌：

全新開發

無伺服器運算有助於快速開發與擴充，進而提供商業價值。你可以嘗試不同的開發方式，在瞭解系統實際需求以前，不必投資大量運算資源。

取代管理任務

你可以自訂僅具有所需權限等級和時間的功能，不用為了管理任務而架設專屬伺服器。透過取消擁有 Root 權限等級的管理伺服器，改為僅遇到臨時情況

（例如電子郵件整合、基礎架構合約執行）擁有執行任務所需的權限即可，可以節省維運成本並提高系統安全性。

轉移維運和安全隱憂

如果你的團隊願意在初期的決策過程就將維運責任和安全問題轉移，那麼 devops 方法（不同團隊負責系統之間的合作與協作）將支援有關無伺服器模式與實作的複雜決策，以避免犯下代價高昂的失誤（即在配置不當的執行個體中，耗費所有預算或使客戶資料外洩）[2]。

也許一開始，令讀者能以最快速度啟動和執行為首要考量，如此便可以專注於為組織帶來核心商務價值的工作。隨著時間的推移，你會明白是否需要改善資源使用率。

透過將這些考量因素納入到你對運算方案的挑選，就能量身打造出符合組織或團隊需求和技術的運算基礎架構。

總結

運算包含與電腦相關的所有元件：處理能力、記憶體、儲存裝置和網路，以及利用這些資源的執行環境。讀者所管理的每個應用程式都需要考慮到其部署要求和限制。例如，應用程式可能受到 CPU 運算能力、記憶體容量或儲存空間的限制。同樣地，應用程式也可能具有特定需求，例如能夠擴充以支援需求異動、使用特定的硬體、或者需要採用特殊的程式語言、程式庫或作業系統。

假設你的運算環境是由連接不同架構模式的運算系統混合而成，請針對隔離性、啟動時間和可攜性的考量，並根據需求來做出取捨。

2　在本書中，讀者可能會注意到出現的「DevOps」和「devops」兩個詞彙。這個是我有意為之。當涉及到標題或產品名稱時，我使用大寫的「DevOps」；當牽涉到實務時，我使用小寫的「devops」，也就是最初的主題標籤。devops 的實踐方式是將人們整合在一起，並幫助他們在基礎工作進行高效的合作，從「**我們和他們**」之間的對話轉變為人們可長期推動的業務。組織可以出售 DevOps 工具，但你無法購買 devops。

第三章

儲存

在現代的產品網站上，它不僅是企業的虛擬門面，也是一個通用的管理系統。多年來我處理過許多網站，也擔任過各種職務，包括系統設計、網頁伺服器和資料庫伺服器、網站備份等。此外，還需要處理各種數據資產，例如產品圖片、推薦影片、使用者的搜尋和購買紀錄，以及後端庫存系統的更新等。

在 Artifact 儲存方面，需將許多幕後的決策納入考量。假設你在管理產品網站，當有人在網站上搜尋產品並進入產品頁面時，此動作會產生多項日誌紀錄並傳向某個地方。每當有人購買該產品時，都需要更新訂單資訊、出貨細節和產品的供應狀況，因為你的公司不希望銷售無庫存的產品。為了建置網站所需的系統，需要規劃合乎規模的運算環境及適當範圍的 Artifact 儲存，以便推動維運決策。

在讀者管理的系統之中，無論管理的是網站還是其他系統，都需要制定儲存方針並做出決策，對不同的數據資產進行最佳化。你不希望在不需要的儲存空間上浪費金錢，或者不希望將不常存取的資料存放在更昂貴的低延遲儲存設備上。對於經常存取的資料，你希望使用者能夠快速地獲得系統回應，甚至需要將資料快取在記憶體裡。這樣的做法使成本更加昂貴，但能為你帶來滿意的用戶體驗。

有許多情況，讀者必須考慮系統設計過程所涉及的數據資產。在本章裡，我將從儲存技術的角度，把焦點放在建立的儲存策略上，並說明相關的做法。

為什麼要關心儲存問題？

儲存是管理系統不可或缺的一環，因此必須處理與系統相關的任何數據資產，把對業務造成的風險降到最低。

關於資料儲存所做出的決策會對系統的耐久性、可攜性、彈性和一致性產生長期影響。然而，一種觀點普遍認為儲存已成為一項商品化的業務，一種控制成本。實際上，應採取更完善的方法，根據數據資產的特性來最佳化其儲存方式。再以產品網站為例，需要迅速地載入圖片來展示給客戶，並正確無誤地儲存歷史紀錄，但不需要快速的存取。

警示例子：評估資料的價值

通常情況下，儲存的資料比使用的儲存設備更有價值，因為這些資料往往難以取代。過去有很多組織由於人為疏忽、短視或因災難而失去了珍貴的資料，例如：

- NASA（美國國家航空暨太空總署）在 1980 年代不慎覆寫了登陸月球的阿波羅計畫原始資料磁帶（*https://oreil.ly/3YvhP*）。

- BBC（英國廣播公司）在 1978 年前例行性重複使用錄影帶，誤刪了數千小時的廣播節目，特別是早期的神祕博士（*Doctor Who*）影集（*https://oreil.ly/pzefI*）。

- 2021 年，法國斯特拉斯堡的 OVHcloud 資料中心發生大火（*https://oreil.ly/dUdSk*），其中一棟設施被燒毀，導致 360 萬個網站受到影響（*https://oreil.ly/TkuKG*）。

還有很多資料遺失的故事，讀者可能也有自己的親身經歷。

另一方面，永久儲存資料也需要持續的成本。譬如，許多人關心組織如何儲存和整合他們的資料。因此，如果機構在資料儲存方面出現問題，客戶會對其失去信任。此外，法規體制如歐盟一般資料保護規則（General Data Protection Regulation，GDPR），迫使公司讓人們控制他們的資料如何保存。因此，假如你的資料儲存違反了政策規定，可能需要支付額外的罰款，不僅僅只有儲存成本。

謹慎考慮目前儲存的資料以及儲存方式。定期稽核數據資產，以確保現實符合你的期望，並矯正任何發現的問題。

部分資料蒐集可能涵蓋個人識別資訊（personally identifiable information，PII）、個人資料、支付卡資訊和憑證，其儲存方式有明確的法規。PII 主要在美國使用，而個人資料則與歐盟資料隱私法規 GDPR 相關。

使用者及其所在地區的資訊會影響你必須遵循的要求，以確保將資料儲存在適宜的地方：

- 美國國家標準與技術研究院（The National Institute of Standards and Technology，NIST）將 PII（*https://oreil.ly/cWklx*）定義為辨別或連結個人的資訊。例如個人的社會安全碼。

- 歐洲委員會將個人資料（*https://oreil.ly/ly7lP*）定義為任何可直接或間接辨別生活中的個人資訊。例如住家地址。

- 支付卡資訊是指個人支付卡上的資料，包括信用卡和商務金融卡。

- 使用者憑證是網站審核個人身分的方式。

檢查資料有助於依據隱私權和資料保護法規條例來評估你的責任。處理 PII、個人資料、支付卡資訊和憑證時，請確保檢查需求以遵守所有相關法規。

現在讓我們看看儲存的主要特性，這樣讀者即可在瞭解設計系統的同時，該如何慎選可用的方案，以及評估如何改善現有的資料儲存方式。

主要特性

或許讀者會全力支持採用雲端運算，但雲端底層支援的資料儲存媒體仍與本地運算相同（傳統硬碟、固態硬碟、快閃記憶體、磁帶和光碟片）。每種儲存媒體皆具有不同的效能水平、可靠性和成本。

如果你的職責包含硬體設備的管理，也許需要對儲存媒體有更深入的瞭解，進行分割區的劃分，並搭配相容的驅動程式，使其可用於你所管理的任何作業系統。另一方面，如果系統已經遷移至雲端，供應商會為你處理許多底層的複雜細節，而不必在此花費太多的精力。

 雲端運算的一個優勢是藉由雲端供應商來負責管理儲存系統硬體，讀者可以比較多種可行性方案，使儲存的成本達到最佳效益。

無論是在本地端或雲端運算環境下，都必須瞭解如何挑選儲存方案。儲存的重要特性包括：

容量（*Capacity*）

　儲存裝置的總磁碟空間。

每秒輸入 / 輸出作業數（*Input/output operations per second，IOPS*）

　衡量讀寫作業的可能性；儲存裝置可專用於讀取或寫入作業，以及循序或隨機存取。

輸入 / 輸出（I/O）大小 / 區塊大小（*Input/output（I/O）size / block size*）

　執行 I/O 作業的請求大小可能會因作業系統和應用程式而異。

傳輸量（*Throughput*）

　衡量應用程式和檔案系統於特定時間間隔內的資料傳輸速率。

延遲（*Latency*）

　衡量應用程式等待請求送達後的回應時間。

應用程式是以不同的模式存取資料。因此，在決定如何建立系統和使用哪些資源時，檢閱擁有這些特性的資源，並可根據需求排除非必要的項目。在考慮儲存效能時，IOPS 與傳輸量的關係為

　IOPS = 傳輸量 / *I/O* 大小。

假設你必須確定哪一類型的 Amazon EBS 儲存磁區可以連接到 Amazon EC2 的場合，應該瞭解應用程式每秒需要傳送多少個請求、存放請求的空間，以及對應到底層檔案系統的傳輸量。然後計算最小 IOPS，並依據可用資源進行評估及選定儲存解決方案。

在表 3-1 中，我們擷取了 2022 年 8 月 Amazon EBS 功能文件內容（*https://oreil.ly/6vVPR*）所提供的一些 EBS SSD 特性。前兩個選項相似且成本相同，但第三個選項（EBS 通用型 SSD）則相當不一樣。

假設讀者確定應用程式對於儲存的需求少於 16,000 IOPS，且不需要延遲時間低於千分之一秒或穩定性高的保證。在這種情況下，花費較少的儲存空間且每月獲得免費的 IOPS，也許實質上較具效益。

表 3-1　Amazon EBS 磁碟區類型表格格式 [a]

磁碟區類型	EBS 提供的 IOPS 固態硬碟 (io2 Block Express)	EBS 提供的 IOPS 固態硬碟 (io2)	EBS 通用固態硬碟 (gp3)
耐用性	99.999%	99.999%	99.8%–99.9%
磁碟區大小	4 GB–64 TB	4 GB–16 TB	1 GB–16 TB
最大 IOPS / 每磁碟區	256,000	64,000	16,000
最大傳輸量 / 每磁碟區	4,000 MB/s	1,000 MB/s	1,000 MB/s
延遲	1 毫秒以下	個位數毫秒	個位數毫秒

[a]　Amazon EBS 功能：Amazon Web Services（*https://aws.amazon.com/ebs/features*），由亞馬遜網路服務股份有限公司提供，資料截至 2022 年 8 月 15 日為止。

> 本書的範圍並未涵蓋特定工作負載和應用程式的最佳化。若這是讀者所關心的議題，請查閱應用程式的特殊建議，並利用效能工具進行分析和提升效能。例如在 Linux 上可以利用 iostat 指令。

儲存類型

當今主流的儲存類型包括區塊、檔案、物件或資料庫。讓我們逐一研究這些類型，來了解這些儲存抽象層，以及對系統設計選擇所產生的影響。

區塊式儲存

對於運算環境而言，區塊式儲存是與實體儲存裝置互動的最直接方式；其他類型的儲存則在更上層的抽象層次。區塊式儲存將資料分割為大小相同的區段並寫入儲存媒體。系統為了實現高效率的目標，使用讀寫佇列來平衡對媒體的存取。虛擬化的區塊式儲存使用同樣的原則，但顯然添加了網路層，並將個別資料區段儲存在不同的磁碟、伺服器甚至是資料中心。

容錯式磁碟陣列（RAID）技術可以將多台硬碟配置為單一的邏輯區塊設備，以縱向方式擴充容量和效能，同時提供資料保護的層級。儲存網路則延伸這個概念，使其能夠橫向擴充至多台伺服器的範疇。

在需要和原始儲存磁區進行互動時，區塊式儲存是最理想的選擇。不論是作為電腦的開機磁區、虛擬機器和容器映像的邏輯磁區，還是用於資料庫或檔案儲存的資料磁區，區塊式儲存皆提供了最佳解決方案。此外，通常區塊式儲存的延遲時間是最低的。

檔案式儲存

檔案導向儲存是傳統的檔案系統介面，其中包括巢狀的階層式資料夾，每個資料夾包含檔案，每個檔案都有其屬性，例如名稱、擁有者、權限和存取日期。

檔案式儲存可以透過作業系統或網路環境來實作。網路檔案式儲存的範例包括 Samba 共享、NFS 掛載，或者諸如 Dropbox、Google Drive、iCloud Drive 或 Microsoft OneDrive 等雲端儲存服務。這些網路儲存服務讓你的應用程式與作業系統可以和網路主機儲存裝置進行互動，就像直接連接的硬碟上的儲存方式一樣。

無論是辦公室檔案伺服器共享存取還是訂閱雲端服務，檔案式儲存是滿足傳統對於「桌面運算」需求的一種方式。當你需要讓多台伺服器組成的叢集共享設定檔案、應用程式資料檔案或軟體時，這種方法也是可行的。譬如，媒體儲存或使用者主目錄。

然而，當處理大量檔案時，檔案式儲存可能會遇到擴充問題。理論上，即使擴充後端網路服務能支援無上限的容量，但與儲存進行交流的前端軟體會是瓶頸所在。傳統的檔案瀏覽器在處理多層次樹狀目錄，包含數千甚至數百萬個檔案和子資料夾時，可能會出現作業失敗的情況。雖然組織化的資料對處理有所幫助，但

對於具有大量檔案的多層次目錄結構而言，人們可能會對如何最佳化管理其內容而有不同的意見。

物件式儲存

相對於階層式檔案儲存，物件式儲存採用的是非結構化方式。每一筆資料和相關的中繼資料（metadata） 均使用唯一識別碼進行儲存，可隨時根據需求來快速存取。當需要儲存大量靜態項目，且不需要以任何特定方式組織個別項目的時候，物件式儲存的選擇極具吸引力。因此，可以利用物件式儲存來儲存各種類型的檔案，諸如文字、圖像、音訊、視訊或其他任何資料。

請注意，物件式儲存不像傳統檔案系統一樣，將物件組織成階層式樹狀結構。相反的，它提供一個帶有非連續的識別碼和中繼資料欄位的物件清單。你可以使用一個框架將物件視為結構化檔案樹內的檔案，但與物件中繼資料之間的互動提供了許多其他搜尋資料的方式，比如在特定日期或地點以特定相機拍攝的照片，及使用相關的描述標籤。物件式儲存的常見用途包括現代化應用程式、大數據應用程式、備份和媒體儲存，提供了擴充性和靈活性。

資料庫儲存

關聯式資料庫系統通常採用 SQL 語言來組織和存取關聯資料表的行與列的資料。在資料庫中，不可分割性（Atomicity）、一致性（Consistency）、隔離性（Isolation）和耐久性（Durability）合稱 ACID，它是確保資料完整性的四種性質。以銀行或信用卡交易為例，進行交易時必須同時從一個帳戶扣除金額並匯入到另一個帳戶。如果系統無法完成交易，則必須取消交易，而不會對任何一個帳戶餘額產生異動。遵循 ACID 規範的資料庫系統確保資料妥善的儲存，並且可透過提交每個異動狀態的作業，或退回到更新失敗前的最後狀態，以便從任何異常情況進行復原。

擴充或縮減關聯式資料庫會對 ACID 確保資料的完整性構成壓力。讀者可以透過縱向擴充來增加儲存和運算資源，來解決負載問題，但是同一台伺服器能夠安裝的記憶體容量、CPU 數量和磁碟空間有其上限。最終不得不進行橫向擴充來追加更多的伺服器，而應用程式就屬於分散式運算。一旦擁有分散式應用程式，就必須做出無可避免的考量。

CAP 定理闡述了取捨原則：為了使系統在網路分割（分割區容錯性）的情況下繼續運作，系統可以確保每個請求都接收到回應，但不一定是寫入最新的資料（可用性），或者確保讀取時接收到最新的寫入或錯誤資料（一致性）。總而言之，系統無法完全兼顧資料可用性與一致性兩者。

PACELC 定義為 CAP 定理的延伸，適用於在無網路分割情況下正常運作的分散式系統；系統必須在低延遲和一致性之間做出選擇：

- 假如分散式應用程式對延遲非常敏感（表示優先考慮資料回應速度而非準確性），當系統收到請求後，它會儘快地傳回一個回應訊息，但是這個回應尚未被驗證為最新版本。這種行為模擬了系統中的最終一致性（*eventual consistency*）。

- 如果分散式應用程式必須保持一致性（表示優先考慮資料的準確性），回應應當被驗證為最新版本；具體取決於環境資源的競爭、並行性或在特定時間內正在進行的總儲存請求而增加請求的延遲時間。

換句話說，資料庫管理系統保證資訊始終一致（例如 Apache HBase（*https:// oreil.ly/v9yeR*）），但使用者可能需要等待才能獲得回應。或者，資料庫管理系統為確保回應的即時性，就必須犧牲一致性（例如 Apache Cassandra（*https:// oreil.ly/6X6As*））。

對於許多工作負載而言，回應速度至少和一致性同等重要。假設有個社群網站，預設顯示來自你朋友發佈的一系列貼文，或者搜尋引擎回覆一個查詢的結果列表。使用該網站的人不一定需要在存取網頁時看到每篇的貼文，但如果該網頁沒有內容，這將是一個大麻煩。若是系統盡可能顯示相關結果，這種最終一致性行為可以被接受。

NoSQL 資料庫是針對可用性做最佳化的分散式系統，具備最終一致性。NoSQL 資料庫允許應用程式開發人員在應用程式層面實作資料庫的結構描述（schema），而不採用 SQL 來執行資料庫結構描述。透過在應用程式層面增加複雜性，這種延遲解決了更新資料庫結構描述所需長時間的停機問題。

若干種 NoSQL 資料庫類型包括鍵值儲存、文件導向儲存、圖形以及寬欄型資料庫：

鍵值儲存（*Key-value stores*）

鍵值儲存類似於許多程式語言提供的關聯式陣列、字典或雜湊法，它是將一個識別鍵和一筆資料關聯起來。鍵值資料庫的例子有 Redis 和 Amazon DynamoDB。鍵值資料庫的使用案例包括輕量型工作負載、儲存、讀取和刪除資料（例如會談管理）。

文件導向儲存（*Document-oriented storage*）

文件資料庫將識別鍵與一種結構化格式（JSON，XML）加以關聯，稱之為文件（*document*）。儲存庫中的各個文件不需要一致的結構描述。與物件式儲存一樣，文件資料庫是鍵值儲存的一種特殊範例。

文件資料庫的使用案例包括需要靈活的結構描述管理作業，例如使用者設定檔、內容管理和組織，以及即時商務分析。

圖形資料庫（*Graph databases*）

圖形資料庫強調所有實體之間的基本相互連結。圖形由實體（比如某個人或某處地點）和關係所組成，能夠達成早期關聯式系統難以實現的分析。圖形資料庫的例子包括 Neo4j 和 AWS Neptune。

圖形資料庫的使用案例包括任何尋找資料集中模式的系統：社群網路、推薦引擎、詐騙偵測、金融風險評估和生物資訊學。

寬欄型資料庫（Wide-column databases）

寬欄型資料庫是以「欄」而非「列」的方式儲存結構化資料，是最佳化常見的查詢效能。寬欄型資料庫應用的例子有 Apache Cassandra 和 Apache HBase。

寬欄型資料庫的使用案例包括具有龐大資料需求的分散式系統。

許多資料庫產品和代管服務都會綜合使用這些方案。建立滿足組織需求的完善解決方案，需要確定所需儲存的資料和中繼資料類型，並整合符合這些需求的各種解決方案。

考量儲存策略的注意事項

相信現在讀者已經對各式的儲存選擇有了大致上的概念，該如何決定要採用哪種方案呢？

關於這一點，此階段最常見的問題是：需要採用雲端、本地端還是混合式的儲存方案？接下來，請針對你所管理的系統去確定每個特定領域適用的儲存方案，因為這些領域的需求可能有所不同（如本章一開始提到的探討內容）。

通常來說，應當採取適當和經濟實惠的解決方案來滿足需求。具體而言，需要檢視你的資料以及它的導向，才能訂定與儲存相關的決策。

以下是關於你的資料需要考慮的幾個問題：

- 管理的資料類型有哪些？

- 它是如何產生的以及如何使用？

- 處理資料的有多少以及如何處理這些資料？

- 誰需要存取這些資料以及如何提供？使用者是否為組織內部或外部的人員？

- 保留資料的目的為何？

- 是否有契約、法律或隱私方面的考量？什麼資料可以保留，什麼資料不能保留？

- 資料的存取頻率有多高？

- 使用者主要是與最新的資料互動，還是分析歷史資料？

- 個別使用者在一個工作階段內是否會存取大量資料？

- 使用者是否對慢半拍的應用程式感到不耐煩？

以下是幾個管理設備需要考慮的問題：

- 你的電腦設備是否需要能夠獨立啟動？如果是，則每台設備都需要一個可開機磁碟。當然，你也可以針對無磁碟系統設定的網路開機伺服器來進行集中管理。

- 你的電腦是否需要存取共享儲存空間？也許把設定檔和使用者主目錄這類資料集中置於本地網路的檔案伺服器，會是明智的抉擇。或者遠端同事不一定能夠在辦公室存取伺服器，使用雲端同步工具將本地檔案同步至雲端服務平台，也許更為合乎情理。

投資本地硬體解決方案可以提供高容量、高傳輸量和低延遲的好處，適用單一地理區域的內部使用者需求。不過，這種解決方案有著高昂的前期投入成本，況且在維護備份和監控硬體方面亦有長期的維運負擔。可擴充性也可能是一個限制因素；倘若一台伺服器容量不足，你的選擇是刪除資料，或者增加更多的伺服器，這可能需要大量的前置作業時間。

相較之下，雲端解決方案前期具有極少的成本和維護需求，可以混合及搭配區塊、檔案、物件和資料庫儲存解決方案，擁有近乎無限的擴充容量。此外，可以選擇將資料複製到不同的地區，以改善全球使用者的網路延遲。

這些解決方案需要永久性的訂閱成本，假使讀者沒有限制儲存的消耗，費用可能會在無意間飆升。除了儲存限制之外，尚可將不常存取的資料「打入冷宮」，也就是遷移到成本較低的儲存層以節省開支。最後，你需要監控雲端服務供應商的計費儀表板，而不是監控硬碟的健康報告。

對於某些企業和組織來說，可能有一項嚴格的要求，不允許重要基礎設施連上網際網路。一些雲端服務供應商提供的解決方案，確實符合政府存放機敏資訊的標準。然而對於那些甚至無法考慮這種可能性的機構而言，採用本地端的解決方案是唯一可行的考量因素。

預估容量和延遲要求

考慮一個視訊串流服務，為訂閱者提供上千部電影和電視節目的收藏資源。每個內容都會編碼為一系列的品質設定，從標準畫質（SD）到高畫質（HD）格式（720p、1080i、1080p、4K 和 8K）。隨著每項技術的進步，對頻寬和儲存的需求都在迅速增加。編碼格式或編解碼器可以減少這些格式產生的原始資料量，但會降低畫質和增加運算需求。

影音串流服務的客戶群運用各式各樣的裝置，從手機到個人電腦再到大型電視螢幕。此外，他們的網路連線速度範圍從數據機撥接速度到 GB 級以上的寬頻連線不等。因此，這些服務需要儲存多種不同預先產生的格式，以支援這些用戶端。

不難想像，為了支援多種高品質格式，一部完整電影可能就需要佔用超過 1TB 的儲存空間，而擁有一千部電影的影片收藏庫則可能需要佔用超過 1PB 的儲存空間。這還不包括管理影片收藏庫存取的資料庫和軟體的額外儲存空間需求，更別提還需要進行備份。

視訊串流服務使用內容傳遞網路（content distribution networks，CDN）將資料複製到全球據點，以最小化不同區域用戶端等候的延遲時間。一個電影庫的 PB 資料量最終可能被複製到數百個節點，必須有額外的基礎架構層來管理它，保持複製的即時性並刪除任何已過期的資料。

思考一下貴組織對資料的需求，也許不會如此驚人地使用資料，或者可能使用更龐大的資料量。但無論當前的速率如何，未來的速率很可能只會繼續翻倍。

在合理的需求範圍內保留資料

資料都有生命週期，有些只是短暫存在，有些則長期保存。儲存媒體雖然已變得相當便宜但並非免費，保留資料也有持續成本。當軟體處理更多資料，此時運作可能變慢，或是需要佔用更多的運算能力才能維持回應速度。

想一想支援健身設備使用者所需的基礎設施，該設備能夠記錄心率和計步資料。儘管感測器能夠精確地記錄事件，但由於容量限制，它們不會保留原始的遙測資料。相反的，該設備會計算設定的速率並丟棄原始的遙測資料。最後，使用者將設備進行同步並上傳摘要資料到他們的帳號。

使用者通常希望看到隨時間變化的趨勢，但不太可能查看幾年前某個下午的計步數目。應用程式能夠以一天、一週或甚至一個月為間隔單位保留摘要資料。請注意，在每個資料蒐集階段，系統都將傳入的資料減少到傳遞下個步驟所需的內容。

當處理組織的內部流程時，也會出現類似的方法。例如當你負責某項專案時，通常會記錄票證、即時通訊系統、電子郵件和共享文件事務。專案完成後，能夠參考此類歸檔的討論是否有所幫助，或者僅有摘要報告為後續工作提供參考就已足夠？某些組織存在著不允許保留此類資訊的政策，而其他則鼓勵保留這些機構的知識庫，這兩種方法各有優缺點。

設備報廢時刪除資料

資料保留政策也必須涵蓋處理報廢不再需要的設備。在處理報廢的伺服器、個人電腦、行動裝置、可攜式磁碟等設備之前，應始終假設人們可能會在這些設備儲存潛在的機密資料。在某些情況下，具有適當工具軟體和存取權限的人可能會從儲存設備中恢復「已刪除」的資料。

若是擔憂這種風險，你可能需要採取額外措施來清除資料；例如將磁碟寫入「0」位元或隨機資料。採用此方法可有效防止資料恢復，但這需要耗費時間，即使對某些組織來說，這可能仍不足以保證資訊安全。對於「整個磁碟」皆使用加密設定的裝置，「刪除」過程可能僅需要銷毀加密金鑰，對絕大多數的攻擊者而言，這些資料都將無法恢復。

有疑慮時，應抹除磁碟資料並銷毀磁碟實體，以確保惡意行為無法恢復資料。

尊重使用者隱私權

我們強調尊重使用者隱私權的重要性，尤其要注意如何處理個人資料或個人識別資訊（PII）。通常僅為特定目的如合約或法律要求時，才能獲取這些資訊，並在不再需要時立即刪除這些資訊。

隱私權主張已經引起大眾的注意，當使用者資料在沒有經當事者充分知情並同意的情況下被蒐集、購買和出售時，特別需要提高警覺。在具有「被遺忘權」法律體系的司法管轄區內，人們可以請求刪除他們的資料，而你有法律和道德義務履行這些要求。

保護你的資料

資料外洩是一種侵犯隱私權的行為，指未經授權的一方以複製、竊取、傳輸、使用或查閱他人隱私資料的事件。此類事件可能涉及財務資訊、個人健康資訊（PHI）、個人可識別資訊（PII）、商業機密和其他智慧財產權。這些事件可能產生重大直接與間接的成本，從善後措施到聲譽損失都可能受到衝擊。

資料外洩發生的原因各不相同，既有內部人員也有外部人員造成；可能是由於人為疏忽所造成，比如設備遺失、密碼強度不足或未使用強化的加密技術，也可能是有人處心積慮的行為所導致，諸如駭客攻擊、破壞或竊取。攻擊途徑包括惡意軟體、網路釣魚、勒索軟體、社交工程和實體設備的盜竊。

最小權限原則不失為防範這些問題的一種方法，即「系統中的每個程式和每位特權使用者都應該僅使用完成工作所需的最小權限」。這個原則已經引導作業系統的設計數十年，至今仍然適用。

請考量需要存取資料的不同場合，並考慮軟體提供的特定服務。開發人員是否需要完全存取所有資料，或者僅需高階中繼資料存取來確認一切是否運作正常？或者舉個具體的例子，系統管理員是否需要存取使用者的電子郵件帳號和 Slack 訊息，或者僅需查證該帳號是否為活躍帳號，且使用者可以存取它？

為強化最小權限原則，系統應該在資料傳輸和儲存時進行加密。網路協定預設應加密資料。依靠開放標準協定（如 HTTP 和 SMTP）安全地傳輸資料的時代已經成為過去式。

 我一再地重申要尊重隱私權，強調財務、醫療和個人識別資訊（PII）處理方式的重要性。保護這些資料最直接的辦法是不要蒐集它們。

資料外洩可能會帶來高昂的代價。個人資訊的洩露可能導致身分盜用和其他形式的詐欺行為；此類受害者通常希望獲得妥善處理，例如信用監控、換發信用卡和其他形式的補償。智慧財產受到侵害，譬如原始碼或其他商業機密，可能削弱企業的市場競爭力，並給競爭對手帶來意想不到的利益。譬如，雅虎在 2013 年和 2014 年發生資料外洩而暴露 30 億筆使用者帳號資訊；由於這個事故的衝擊，當 Verizon 威瑪斯通於 2016 年收購雅虎 Yahoo 時，雅虎 Yahoo 的市值被調降了 3.5 億美元，佔了當時收購價格 4.8 億美元的近 10%。

做好應對災難復原的準備

假設資料遺失是生活中的常態，個人可能會不小心刪除檔案或誤將其他磁碟重新格式化。服務供應商可能會因意外事故或硬體出現故障而中斷服務。資料中心也不免於自然災害。

建議讀者評估資料的可用性，是否需要備份「所有」資料？多久需要備份一次？需要多及時？如果使用者 10 分鐘前新增了一個檔案，然後在 5 分鐘前刪除了這個檔案，你能夠復原它嗎？假如他們需要五個月或幾年前已刪除的檔案，能接受多久的復原時間，一個小時？一天？還是一週？

未經驗證的備份往往不切實際。因此你需要模擬各種資料遺失的狀況（並定期演練此過程），並且證明已經過測試和具有文件記錄的作業程序，可以在符合預期的時間範圍內復原資料。最糟糕的情況是當有人需要在最後期限內恢復他們遺失的資料，這時才發現備份無法發揮作用。

案例研究：皮克斯的《玩具總動員 2》

1998 年，皮克斯公司一名員工不小心刪除了電影玩具總動員 2（*Toy Story 2*）整部電腦動畫的所有資料，當時該片已經製作了近兩年。不幸的是，由於可用空間不足，備份系統已停止運作。然而幸運的是，監製技術總監 Galyn Susman 在家中工作時留存了一份資料副本。

團隊得以利用她的副本，一份兩個月前的舊備份，東拼西湊的渲染和網頁儲存動畫的種種零碎資料，費盡心力檢查成千上萬個檔案，為玩具總動員 2（*Toy Story 2*）重新組建了新的原始碼。

後來，皮克斯認為故事劇情不討喜，有意取消該片並重新開始製作。

下面是一些反思：

- 防範刪除行為
- 定期監控備份
- 信任讓人們有權自主照顧家庭
- 有時候，整部電影砍掉重練可能是個好主意

總結

資料通常是組織中最具價值的無形資產。在一個健全的機構,資料會持續增長。傳統就地部署的儲存技術可以提供高效能和大容量,但也有高昂固定成本和持續的維運負擔;雲端主機解決方案提供近乎無限的擴充性,但會產生重複、無法預測的使用費用。請選擇符合需求的硬體和服務解決方案組合。

更多資源

如需更深入瞭解備份保護資料的相關資源,請參閱 W. Curtis Preston(O'Reilly)所著的 *Modern Data Protection*。如欲進一步瞭解 Linux 作業系統和應用程式的概念、工具和調校,請參考 Brendan Gregg 的著作 *Systems Performance*(Prentice Hall)。

讀者若是著重在資料庫管理,請參閱以下資源:

- Silvia Boltros and Jeremy Tinley(O'Reilly)的著作 *High Performance MySQL*。

- Laine Campbell and Charity Majors(O'Reilly)的著作 *Database Reliability Engineering*。

第四章

網路

讓我們談談系統的最後一個基本要素：網路。網路是每個系統的溝通橋梁，連接了系統中所有的資源和服務。倘若網路出現問題，系統就會連帶受到影響。由於網路的特殊性質，早期需要專門的網路管理員來管理網路硬體。然而微服務、虛擬化和容器化等新技術的相繼出現，對於現今的網路發展和管理帶來了劇烈的轉變。更多的資源相互連接，軟體定義網路以及對延遲敏感的應用程式，皆打破了以往對網路管理人員技能的認知，使得一些管理職責回歸到系統團隊的範疇。

在本章裡，我將闡述網路技術概觀，包括網路虛擬化、軟體定義網路（SDN）和內容傳遞網路（CDN），協助讀者能夠與網路專家和網路安全團隊一同聯手，打造強化系統元件互連的技能。

網路的重要性

讓我們重新回顧前一章的範例：現代化的產品網站。這是一家企業的虛擬門面，也是一個可能需要管理的系統範例。

一位使用者在手機上開啟網頁瀏覽器，從貴公司購買產品。他們的無線服務供應商將請求路由到 CDN，並選擇距離較近的資料中心據點。如果 CDN 沒有需要的資料來處理請求，請求將繼續進行路由，接著負載平衡器會將請求路由到一台實體伺服器，由虛擬化管理程式（hypervisor）決定要路由到哪個 VM。一旦 VM 的 Linux 核心接收到流量，應用程式就會處理請求，並將回應透過相似的路徑傳回到用戶端。

截至目前已經歷了許多過程。是否數過有多少個不同的網路？每個網路都涉及了若干處理流程，因為路由器會決定到達下一個目的地的最佳路徑。不同的網路轉送站和不同的網路類型具有不同的傳輸速度，導致回應時間長短不一。然而有多少種類的網路設備會參與其中？

使用者一般不太關心這些過程細節，只要流量能夠可靠地進行傳輸即可。然而當請求無法傳送時，這些細節就不容忽視，因此必須立即找出問題所在。與其事後再對請求做出反應，不如事先瞭解系統的網路環境，並根據這些認知來建置和管理網路。明白系統的需求使你能夠做出明智的抉擇，正如同範例所示。CDN 在距離客戶最近的地區快取資料，並利用負載平衡器將請求路由到適當的目的地。

瞭解系統的框架對建立系統基礎結構的決策十分重要，不僅提高系統管理人員的效率和顧客的體驗，同時也能提升企業整體的經濟效益。

網路的重要特性

與儲存媒體一樣，網路區分兩大類型：有線和無線。每個類型旗下又有不同的媒介（例如銅纜、光纖電纜）以及通訊協定。

網路擁有拓樸結構、元件排列和資料流向。根據不同的媒介，網路拓樸結構會定義實體線路的配置、不同網路資源的位置和嵌入式元件的容錯性。所有這些因素皆與網路相關的成本產生關聯性。

網路的重要特性包括以下幾點：

頻寬（*Bandwidth*）

　　通訊通道的容量，通常用固定時間的速率來描述，例如每秒百萬位元組（Mbps）或每秒十億位元組（Gbps）。

延遲（*Latency*）

　　訊號自某處到達目的地所需的時間，這取決於訊號所經過的實體距離。

　　網路延遲更精確地定義：端到端傳送訊息的時間（傳輸時間）、所有網路設備處理請求的時間（處理延遲），以及佇列待處理請求所花費的時間（排隊延遲）。

擾動（*Jitter*）

擾動是相對於中位數延遲的差異量。對於特定的請求，可以直接觀察網路的延遲時間。為了計算預期的延遲，會使用某些資料點的平均值。擾動是描述該測量差異的方法。對於依賴於低延遲網路的工作負載（例如音訊、媒體串流），擾動有助於評估網路的一致性與品質。

可用性（*Availability*）

可用性是網路可使用的容錯率。不同網路能夠處理的失敗率也不同。

網路建置

假設讀者負責在資料中心部署一套網路系統。該系統具有一個閘道器，可路由到由資料庫和一組 Web 伺服器組成的應用程式。資料中心提供骨幹連線，但你需要負責其他一切。那麼會需利用到哪些網路設備？以下是一些建議：

- 防火牆用於過濾入境和出境流量。

- 閘道路由器用於接受來自公共網路的入境流量，將其傳送到處理該流量的內部資源，並轉送內部主機的出站流量以傳回到遠端用戶端。

- 負載平衡器用於分配流量到各 Web 伺服器。

- 入侵偵測系統用於保護網路免受未經授權的外部存取，以及其他可疑網路活動的影響。

- VPN 閘道器提供授權的遠端使用者存取私有網路的權限。

當考慮網路的需求時，請思考流量模式、流量類型和流量規模。

一般而言，網路是基於可用的頻寬來描述。即使有線與無線兩種網路運算環境皆以高頻寬連接寬頻網路，它們的實體隔離可能會限制相互存取的品質，因為存在延遲或擾動。

開放系統互連（OSI）參考模型是一種七層架構，用於視覺化協定和介面實作的細節。

例如，傳統的負載平衡稱為第四層（L4）負載平衡，因為它發生在第四層：傳輸層。這種負載平衡是網路設備或應用程式依據來源和目的地 IP 位址和通訊埠進行請求分配，而不會檢查封包內容。第七層（L7）負載平衡發生在第七層：應用層。使用應用層負載平衡的網路或應用程式依據請求的特性來分配請求。

但是這些標籤並不完全準確，它們擷取足夠的背景資料來區分它們的用途。比如，L4 負載平衡更正式的說法為 L3／L4 負載平衡，因為負載平衡器在分配請求時，會使用網路和傳輸層的特性。而 L7 負載平衡更正式地說法為 L5-L7 負載平衡，因為負載平衡器使用會談層、表現層和應用層協定的功能來識別請求的最佳目的地。

早期的 L7 負載平衡器由於處理請求所需的運算成本非常昂貴。如今隨著技術的進步，相較於 L7 負載平衡能提供更高的靈活性和效率，L4 與 L7 負載平衡兩者之間的建置成本差異幾乎可以忽略不計[1]。

回顧一下五層式 Internet 模型，見表 1-2。

每一層透過介面與上下層進行溝通，並針對該層的特定訊息目標進行通訊。分層將擔負的角色和責任分離，允許人們能夠建立（和更改）通訊協定的存在差異，這是現代網路轉型的主要驅動力。

虛擬化

建立一個網路可以歸結兩個要素：能夠傳送和接收資料的能力，以及決定如何實現的機制。

過去，需要為每個網路功能購買專用的單一用途設備。現在，你可以運用類似於其他基礎架構資源的技術，部署這些元件的虛擬化版本。就像服務供應商虛擬化傳統的伺服器角色一樣（例如資料庫和 Web 伺服器），服務供應商可利用非專用網路設備來虛擬化網路服務，以軟體來管理硬體如何傳輸和接收資料。

但並非所有網路方面都能虛擬化。例如與遠端主機通訊必然涉及實體資料通道，像是乙太網路線、跨洋光纖電纜、衛星上行線路或 Wi-Fi 介面卡。這些通道之間的區別足以需要特殊硬體來處理資料鏈結層作業，這就是協定實現和網際網路介

---

[1] 你可以從 NGINX 文件（*https://oreil.ly/tFfiK*）瞭解更多關於第七層負載平衡的資訊。

面分離的優點。只要實體層資源就位並正常運作，就可以自由地設定傳輸層和網路層資源。

在通用硬體上部署任意網路功能的能力賦予了極大的靈活性；當 API 呼叫可以滿足相同需求時，不必特別購入專屬設備並跑到資料中心組裝設備。反倒是網路資源可以和基礎架構其餘地方一同進行垂直和水平擴充。

軟體定義網路（SDN）

隨著規模化網路資源的部署越來越廣泛，你所面臨的挑戰是以一種集中和全方位的方式來管理和保護這些資源。早期的網際網互連方式採用了分散式的設計理念，但對於如何將流量準確地傳送到最終目的地，路由器只有模糊概念而缺乏全面的認知。這種分散式的設計哲學使得網際網路架構充滿彈性，能夠復原自然災害帶來的影響，卻無法保證網路的穩定性。此外，此法亦未考慮到隨著時代不斷演進的安全性需求。早期的工程師設計網際網路是為了對網路進行劃分，當時並未預期到 Morris 蠕蟲這類惡意程式的威脅，以及大眾日常生活中電腦的全面普及，使得每台電腦受到惡意活動攻擊的機會大增。

想想看大專院校內一位網路管理員所要面臨的挑戰。校方提供特定電腦資源（比如伺服器、工作站和印表機），並允許學生和教職員工使用自己的設備（如筆記型電腦、平板電腦和手機）。儘管 IT 單位可以對於學校的設備進行軟體修補和硬體加密等防護措施，卻很難對個人的設備強制執行特殊安全性原則。因此，來自未納入防護措施的個人設備所發起的惡意軟體、勒索軟體或病毒攻擊，不過是時間早晚的問題。

軟體定義網路（Software-Defined Networks，SDN）提供了管理和保護網路資源的手段。SDN 是一種網路管理方法，其目的在於將整個網路化為單一可程式化的電腦管理。此觀念與傳統電腦使用作業系統（OS）來代表高階應用程式協調硬體資源相似；SDN 導入了集中式框架，協調分散式網路的運作，根據需求啟用資源，自動化調整不穩定的環境，並允許套用統一的規則。

因此，網路管理員可以執行整合共享威脅來源的威脅情資管理應用程式（例如 *https://oreil.ly/uetEd*）來編譯惡意網站的黑名單。接著，當設備的當事人試圖存取惡意網站時，他們將被導向到一個警告網頁，以便採取適當的措施。

SDN 的定義特點是使用高階控制平面來控管個別網路設備的活動。雖然供應商會對資料或轉送平面的軟體進行最佳化，以實現迅速、簡化和一致性，但控制平面為定義原則和處理異常狀況時提供了一個靈活的介面。

SDN 架構採用集中式、可程式化的控制器來監控網路運作。控制器係利用南向 API 向下對路由器和防火牆等設備進行資訊的推播，並使用北向 API 來轉送狀態資訊給控制器本身。大多數 SDN 的實作方案皆使用 OpenFlow 協定，並以不受廠商限制的方式管理網路設備。只要實體或虛擬設備支援程式化介面來定義路由方式或捨棄流量，就能夠透過 SDN 控制器來管理設備。

多個 SDN 控制器應用程式可以同時運作並執行不同的任務。譬如，某些控制平面應用程式專門負責網路拓樸的管理和設定，某些應用程式可能用於監測流量和計費，還有一些則是處理網路安全方面的問題。

網路分割是另一種保護網路的方式，能夠最佳化網路的流量，有助於將發生惡意軟體攻擊或資料外洩事件時的損害進行分類。機器學習與現代軟體定義網路（SDN）相結合，可自動學習使用模式並將這些資訊應用於引導和微切割操作，進而提高網路的安全性。就像所有機器學習系統一樣，結果的好壞取決於訓練資料的規模。

內容傳遞網路（CDN）

確保系統運作順暢的關鍵因素之一在於回應靈敏的網路服務。使用者已經習慣近乎即時的回應時間，倘若有任何的延遲，他們會認為系統出現了問題。但再強大的運算能力也無法戰勝光速。使用者距離提供服務的資料中心越遠，延遲就越發明顯。

考慮舊金山一個維運的站台，如表 4-1 所示，假設如下：

- 所有站台均使用光纖以直連方式與舊金山連接，距離如表中所示 [2]。

- 光纖每 1,000 公里的傳輸速度約為 5 毫秒。

---

[2] 實務上，網路並非本篇文章描述的連接方式這麼單純。一個複雜的合作夥伴關係和地理位置具有不同水準的網路基礎設施。請參閱 Cloudflare Learning Center 文章（*https://oreil.ly/Og7DC*）以瞭解更多關於網際網路交換中心以及網際網路服務供應商和 CDN 如何連接的資訊。

表 4-1　從舊金山到其他站台的距離和平均延遲時間

	紐約市	倫敦	東京	雪梨	約翰尼斯堡
與舊金山的距離	4,130 公里	11,027 公里	17,944 公里	11,934 公里	16,958 公里
延遲時間	21 毫秒	55 毫秒	90 毫秒	60 毫秒	85 毫秒
往返時間	42 毫秒	110 毫秒	180 毫秒	120 毫秒	170 毫秒

現在將往返時間（RTT）乘以請求大小。紐約市和東京地區的使用者存取該網站時，延遲時間差異明顯。在現實世界中，我們必須考慮到大多數地區並非以光纖直連，因為不同傳輸媒介具有不同的延遲時間，對於每一個網路轉送站，網路設備皆會增加處理路由的延遲。此外，在同一網段上的其他流量亦無法保證不會影響到網路延遲與頻寬。

為了克服站台之間的網路延遲限制，需要在靠近客戶的地區建立站台的副本，使這些延遲可以忽略不計。儘管讀者可以透過建立自己的全球網路來實現此目的，但更輕鬆的做法是將這項任務交給 CDN（Content Distribution Networks）。CDN 承擔維運一個名為接入點（*points of presence*，PoPs）的全球資料中心陣列重任。透過將你的站台分配到當地 PoP，可將鄰近這些接入點的使用者的回應時間降低至 1 毫秒以內。

請選擇符合需求的特點（例如可用性、服務地區和路由選項）來選擇 CDN，令支出達到最佳效益。使用 CDN 可以實現以下功能：

- 將內容傳遞至更接近消費者的地區，以改善載入時間。

- 降低頻寬成本。大部分請求停留在邊緣節點，並從節點的快取內容提取資源，不需要進行多次跨國傳輸，從而減少使用備援線路頻寬。

- 在全球各地複製多個資源的副本，以提高可用性和備援性。

- 透過減輕分散式拒絕服務（DDoS）攻擊的影響來提高安全性。在 DDoS 攻擊中，惡意行為者試圖透過洪水攻擊網站以耗盡系統資源。某些 CDN 供應商可以遏制惡意活動觸及伺服器，這代表你的系統將不會受到停機影響。

使用 CDN 可以解決某些問題，但也會增加一些複雜性，例如管理服務、設定 CDN 提供的具體配置和站台快取等等。

如果讀者目前正在使用 CDN，請查閱服務供應商文件，以瞭解何時應清除快取資源。請考慮以下情況：

- 部分使用者出現了問題。譬如，某人推播一個修改後的快取資料，產生意想不到後果。

- 所有使用者都遭遇到了麻煩。例如，你有一個糟糕的站台架構。

一般而言，應避免清除整個快取，否則會引發大量的請求來重新填補快取空間。

 如果你正在使用與 Web 伺服器的快取，請花一段時間知悉 Web 快取中毒（*web cache poisoning*），這是一種針對快取資料的線上攻擊，攻擊者利用尚未修補的 Web 伺服器漏洞，導致快取資料遭到竄改，並將此變造後的內容提供給其他使用者。James Kettle 提供很棒的資訊來介紹網頁快取的運作原理以及 Web 快取中毒攻擊的成因（*https://oreil.ly/74vNx*）。

網路規劃的準則

在瞭解網路技術的現況，包括網路虛擬化、軟體定義網路和內容傳遞網路後，可以開始制定你的網路規劃。請考慮以下情況：

- 瞭解延遲需求。考慮透過快取、映像系統或區段化資料，將必要的系統更拉近終端使用者，以改善延遲。為了確保對於使用者的連線方式以及連線來源有深入的瞭解，你需要考慮到不同的連線方式，例如透過手機（無線連線可能不穩定）、筆記型電腦（大部分為可靠的無線連線）或是有線連線，同時也要考慮到地理距離因素，如全球市場。這樣的瞭解將有助於提供給使用者優質的體驗。

- 利用嶄新的協定來改善系統：

  — 使用 HTTP/2 提供更快速、更高品質的使用者體驗。

  — 使用 QUIC 網路協定，即使行動用戶連接切換到不同的網路，也能保持無縫接軌。

- 保持對網路安全威脅的警覺，並監控與所使用軟體相關的警示。

總結

無論是有線、無線或虛擬化，網路是管理資源和服務相互交換資料的方式。如同 DevOps 的興起一樣，系統管理和軟體工程之間的界限變得不再涇渭分明，網路管理和系統管理之間的區隔也變得模糊。

現代軟體定義網路採用集中式方法來有效路由網路流量，同時提供網路業者工具來監管流量、防範惡意軟體、防範未經授權的活動，並按流量處理用戶的計費問題。同樣地，內容傳遞網路透過靠近使用者位置來快取站台資料，為全球用戶提供更好的體驗。

當讀者開始建立和管理你的網路基礎設施時，需要考慮網路的不同資源彼此之間如何通訊，它們正在交換多少資料，以及它們對延遲的容忍程度。使用現代方法可以為你和使用者提供快速、安全和具有彈性的網路。

實踐方式

我在第二篇介紹了一些實務上的做法，旨在減少系統變革所帶來的影響，並針對人員的工作方式改善系統的可靠性和永久性。

這一系列章節在協助讀者思考應用於系統的各種做法，以改善系統的維護性、簡易性和使用性。我希望讀者能夠受到啟發，並將這些方法發揮在你所負責的系統上。

第五章

系統管理工具

工具箱是指收藏了支援特定用途的一套實用物品。在我早期擔任系統管理員的年代，我有一個隨身攜帶的實物工具箱，其中包含支援各種任務需求的工具。這些物品會隨時間而更迭，但必備品包括原子筆和用於貼標籤的麥克筆、便利貼（對褶黏貼電纜的標籤；有助於追查錯綜複雜的纜線問題），套裝迷你螺絲刀（用於開啟機殼和更換硬體），各種作業系統的可開機光碟，以及各種不同的線材和轉接頭。

現代系統管理工具箱更注重於非實體的必備工具。你的系統運作環境即是首要管理的項目，也是數位工具箱不可或缺的一環。本章旨在教導讀者如何利用程式化的開發環境建立數位工具箱，以自動化日常管理任務；同時可以透過與同事共享數位工具箱或學習他們的工具或技術，以改善與使用者和同事之間的協作關係。

什麼是數位工具箱？

作為系統管理員的職責是需要確保系統的可靠性。不論讀者的具體角色和管理何種系統，都需要一種安全的方式來模擬真實的生產環境，以明瞭如何建立可行的作業流程。最終，你得確認具備彈性及永續的作業方式。

數位工具箱（digital toolkit）是一種開發環境，有助於最小化任何客戶面對的系統風險，並提供一組工具和技術，以能夠於離線環境下開發程式碼。你的環境可以在筆記型電腦或工作站，也可以是遠端系統使用雲端供應商提供的私有沙盒。

工具箱可以實現以下功能：

- 離線作業。

- 除錯程式 / 設定。

- 提供新員工或團隊成員完成特定任務所需的相關背景知識。

- 透過程式化標準以符合政策規範和建議措施。

學會如何放下顧慮，熱愛自己的開發環境

作者：Chris Devers

我的工作涉及支援廣播製作系統，其中停機時間可能會對系統帶來嚴重的後果，因此在出現問題時，必須對即將進行部署的解決方案深具信心。雖然對於如何解決問題我有一些想法，但在生產環境中通常無法容許進行實驗。因此需要利用一個能有效複製生產環境的開發環境，在不干擾任何人、危及資料或服務的情況下驗證各種解決方案。

譬如，我處理的軟體可以將素材備份到 LTO 磁帶媒體進行資料儲存。但磁帶櫃可能狀況百出：有人可能已經取走必要的磁帶，或者磁帶可能無法讀取。有時，磁帶沒有故障，但它沒有標籤，因此磁帶櫃無法掃描條碼；或者標籤會卡住運送磁帶的機械臂零件；或者磁帶本身運作良好，但資料傳輸線未完全插入，因此設備會間歇性地與伺服器中斷連接。當硬體運作正常時，可利用虛擬磁帶軟體進行「順利路徑」場景的模擬。不過，假如需要確保該軟體在硬體異常情況下還能夠正常運作，就不能輕易部署未經驗證的解決方案。

為了將修改套用到生產系統環境，需要證明這些變更在相似的環境下仍能正確運作，並且不會產生任何意外狀況。從生產環境複製而來的本地開發環境提供了一種辦法，可以證明正在進行的修改能夠按照預期的方式正常運作，且不會讓生產系統置於風險之中。

工具箱的組成

你的工具箱將根據工作需要的任務和專案而定，包括以下這些要件的組合：

- 編輯器
- 程式語言
- 框架
- 程式庫
- 應用程式

當然，還包括任何與這些要件相關的設定。現在讓我們詳細瞭解這些組成。

選擇編輯器

系統管理員需要編寫程式碼、指令腳本、基礎架構、文件和軟體測試。合適的文字編輯器能夠提高工作效率，幫助你更快地發現程式碼的錯誤，並在語言提示下快速完成程式碼。此外，編輯器可按照團隊程式設計風格來格式化程式碼，同時與其他工具整合，以提高程式設計效率。

例如，查閱 Docker 容器每個建置指令，並手動撰寫包含指令的 Dockerfile 文字檔。藉由現代化的文字編輯器，相對可以獲得有效的 Dockerfile 指令提示片段，這些片段可以協助快速建立新的 Dockerfile，因而簡化檔案的建立過程。對於現有的 Dockerfile，將游標懸浮在指令上，可獲取該命令進一步的詳細描述。

應該在文字編輯器中找尋什麼呢？儘管你可能已經熟悉一種或多種文字編輯器，但以下功能值得學習另一款編輯器，例如：

- 整合靜態程式碼分析
- 程式碼自動完成
- 縮排程式碼以符合團隊慣例
- 分散式配對程式設計
- 將工作流程與 Git 整合

對於其他人試用及採用不同的工具，請抱持開放心態。例如雖然 vi 或 emacs 或許擁有你所需的所有功能，但這並不一定是他人的首選。從零開始建立及學習編輯器環境的所有獨特運作機制，可能不是他們運用時間的最佳方式，尤其是對於系統管理員而言，除了編輯器之外，還有更多重要的事情需要處理。

整合靜態程式碼分析

透過安裝靜態程式碼分析或語言檢查器來為撰寫的語言擴充功能，可以加速開發並減少潛藏的問題。例如安裝 shellcheck 和 shellcheck 擴充功能來撰寫 bash 指令碼。當你編寫 shell 程式碼時，編輯器會提醒出現的錯誤。以下是一個範例，我希望在當前目錄中找到所有副檔名為「.png」的檔案，因而寫了一些 shell 程式碼：

```
#!/bin/bash

for file_name in $(ls *.png)
do
  echo "$file_name"
done
```

然而編輯器出現「iterating over ls output is fragile（反覆的 ls 命令會造成輸出的文字被切開）」警示。因此我更新了程式碼，刪除 ls，並採用建議的 glob：

```
for file_name in *.png
do
  echo "$file_name"
done
```

在編寫程式碼時執行 Linter 可以讓你擷取和修復錯誤。從 YAML 到特定的程式語言，都有許多檔案的 linters 可供使用。在編輯器中，可以自訂 Lint 的檢查選項，讓你能夠在輸入程式碼時執行 Lint 檢查；若是這樣會分散注意力，則在保存更新後請執行 Lint 檢查。

程式碼自動完成

當輸入程式碼時，透過程式碼自動完成所提供的合理猜測，改善開發者的程式設計體驗。當輸入程式碼片段時，自動完成選項會彈出，提供可以使用的完整程式碼。有些程式語言的自動完成功能比其他語言更強大，你可以透過安裝相對的擴充套件來增進自動完成的準確度。

建立並確認團隊習慣

許多組織使用程式碼檢查工具（code linters）來強制實施一貫的程式設計風格，使團隊更容易維護共享的程式庫。舉例來說，團隊可以統一縮排文字，毋須爭論哪種程式縮排方式更令人容易閱讀。每個人都可以自訂編輯器以顯示喜好的縮排方式。另外還可以將檔案內目前使用的縮排方式轉換為符合新需求的格式。

將工作流程與 Git 整合

在專案開發過程期間，將工作流程與 Git 整合，可協助追蹤程式碼修改是否已經成功提交到 Git 版本控制系統。查看所需程式碼的變更，可以避免不必要的意外。例如忘記將已修復錯誤的程式碼提交回到共享的版本控制庫。

選擇程式語言

即使讀者不是應用程式開發者，也應磨練 shell 程式碼和至少一種其他語言的開發技能，有益於提升協作能力，並進一步改善團隊的產值。此外，自動化操作能夠節省團隊的時間，讓團隊專注於需要靠人類思考和創造力才能解決的問題。包括從使用預填的中繼資料開啟 JIRA 工單，到掃描電腦運作環境以檢測不符合標準的系統。

在大多數環境中，Bash 和 PowerShell 是合理的選擇，目前的 Linux 和 Windows 版本皆有支援，並且在日常使用中非常方便。然而一旦 shell 指令碼超過 50 行或需要複雜的資料結構時，就變得更加難以理解，進而導致管理系統的機制變得脆弱。沒有人想要破壞指令碼，然而在這樣的情況下，將指令碼重新轉換為通用的程式語言工具是有幫助的。諸如 Python、C#、Ruby 和 Go 等語言可以提供以下優點：

- 改善錯誤處理能力
- 豐富的程式庫社群
- 額外的除錯工具和工具程式

那麼，該如何選擇一種具體的程式語言呢？請考慮以下幾個問題：

組織或團隊已經使用了哪些程式語言？已經擁有多少特定語言的程式碼？

當你與開發團隊合作時，學習如何閱讀團隊使用的程式語言可以帶來許多益處。當系統無法按照預期運作時，檢查問題是否源自於程式碼或程式碼測試能夠協助解決問題。

充分利用多人協作的優勢，在除錯和功能開發時可以有多人支援，進而提高開發效率和產品品質。

有時候，遵循大眾意見是正確的選擇；但有的時候，可能需要與潮流背道而馳。例如，根據團隊現有技能選擇程式語言和技術是一種合理的選擇。

你的團隊是否考慮採用某些技術或工具，但團隊成員對於所需的程式語言卻缺乏相關經驗？

可以選擇團隊熟悉的程式語言所開發的替代技術，或者利用這個機會學習新的語言來擴展團隊技能。若團隊沒有不斷學習新技能就會停滯不前，也會限制軟體採用的選擇，因為新軟體往往會採用新世代的程式語言。

在下達決策時，請考慮使用工具及支援工具的整體成本。例如，有些團隊重視全球開放原始碼技術社群所帶來的協作可能性，另一些團隊則更加受惠於獲得企業培訓和技術支援。當然，這兩種選擇沒有固定的優劣之分，但是選擇與團隊文化相悖的方案，將增加成功採納的複雜度。

在考慮不同類型變更的影響時，請注意以下幾點：

- 新的程式語言版本可能會無法向下相容現有的程式庫。

- 新的程式庫也許能簡化以前複雜的工作，但需要重構先前留下的程式碼。

- 安全性修補程式需要停止使用含有漏洞的功能，並立即進行舊版程式碼的重構。任何一種流行到足以擁有活躍開發社群的程式語言，都會不斷演進及更新其功能。因此，在規劃團隊未來要開發的內容時，應當準備替代方案。

 將團隊選擇某種程式語言的原因記錄下來，可以成為未來具有價值的參考資料。

業界人士普遍使用哪些程式語言？

業界廣泛採用的語言將擁有更多的支援資源，包括社群論壇中的範例程式碼。

在過去的程式語言執行決策中，面臨的挑戰是什麼？

有時候，即使某種語言在組織內被廣泛使用，但同時也帶來一些衝突，可能會妨礙新專案的進展。在提出和採納新程式語言時，確認並記錄決策的思考過程也是其中一個重要環節。

利用新工具和新程式語言進行重構需要花費時間和精力，況且重構可能需要同時支援兩種不同的工具。即使團隊仍然堅持採用一種主要的程式語言，該語言仍然會不斷發展。有時為了讓舊程式碼與新版的程式語言或程式庫相容，必須重構舊程式碼。比方說，企業試圖從原先使用的基礎架構自動化工具遷移到新的平台，轉換過程往往會同時使用舊有和新穎的兩種技術，而非僅僅使用嶄新的技術。另外，應用程式由於缺乏良好的分離，導致增加環境的混淆和複雜度。

身為系統管理員，並沒有一個標準的程式語言。建議讀者衡量自己的經驗和團隊的技能，根據應用程式的需求選擇適合的程式語言。

 有些作業系統會內含某個版本的程式語言，通常是過時的版本，需要更新方能利用該語言的最新功能。不過，變更系統內建的程式語言並不是推薦的做法，而是應當單獨安裝所需的版本，並適當地設定執行路徑以優先使用較新的版本。明確的外部安裝有助於避免修改系統使用內建的軟體而導致系統不穩定，同時避免環境出現未定義的相依性設定。

應用程式框架和程式庫

組織的服務供應商和程式語言決定了所需額外的框架或程式庫。以下是一些例子：

- 特定語言的 AWS 軟體開發套件。

- PagerDuty API 用戶端程式庫，用於管理 PagerDuty 設定。

- 特殊語言的 ChatOps 自動化框架。

這些工具高度取決於你的環境和需求。假如程式庫版本之間的功能有所異動,可能會帶來麻煩。將這些框架和程式庫的版本記錄下來,以程式寫入環境中,可避免花費大量時間對不同的執行結果進行除錯。

其他實用的工具

除了編輯器、程式語言、框架和程式庫之外,其他應用程式亦可納入工具箱範疇。不同的工具將對你的組織有所助益,例如:

- 工單或臭蟲追蹤工具
- 基礎架構和應用程式監控工具
- 告警工具
- 設定管理、容器編排和基礎架構工具
- 流程工具
- 軟體成品存放庫工具
- 建置工具
- 原始碼管理工具
- 聊天通訊工具
- 知識管理工具

你可以將所有基礎架構程式碼和這些工具全部編入預先建置的容器或虛擬機器,或者利用雲端供應商提供的遠端系統。

除此以外,可以運用 Shell 來客製化命令列。*Dot-files* 是以點號「.」開頭的檔案,通常(不一定)協助我們用來備份和客製化系統。你可以與其他工程師共享 dotfiles,讓其他人使用新工具改善其績效。某些組織利用 dotfiles 來設定新系統某些具體的功能,用以提高生產力。雖然 dotfiles 在類 Unix 系統上較為常見,但它們也能在 Windows 系統上使用。

 注意,別只知道將他人的 dotfiles 導入你的環境,而不去瞭解所有的程式碼。此外,適用於個人的最佳設定,對其他人而言無法一概而論。

隨著時間的流逝，無論在哪個環境下，你都會建立一組依賴的工具。我想分享一些我個人最喜歡的工具。以下推薦的許多工具套件皆適用於跨平台，儘管有一些是 UNIX 專用工具：

The Silver Searcher

The Silver Searcher（*https://oreil.ly/Km2em*）（簡稱 Ag），增強了對程式碼的搜尋能力。Ag 搜尋速度快，並忽略 *.gitignore* 的檔案格式。它還可以與編輯器整合，使用起來更加方便。當除錯失敗或其他程式碼出現「大海撈針」的情況時，搜尋特定字串以瞭解其呼叫方式，可以大幅提高搜尋效率。

Bash 自動完成

現今的 Shell 提供命令自動完成功能，僅需輸入命令的前幾個字，按下 Tab 鍵即可看到可能的自動完成選項。*Bash 自動完成*擴充了此功能，使你可以添加自動完成功能。這些擴充功能可與團隊共用。

cURL

cURL 是一個用於傳輸資料的命令列工具和涵式庫。譬如，讀者可以使用它驗證是否可以連接到 URL，這是檢查 Web 服務時的第一個驗證步驟。此外還可以利用它來從 URL 傳送或取得資料，或者檢查 HTTP 標頭以查看特定伺服器回應的 HTTP 狀態碼。

Docker

Docker 提供一種建立隔離環境的機制，稱之為容器。透過在專案中添加 Dockerfile，可以對專案的環境和相關的應用程式要求進行封裝，並提交到版本控制系統，以確保應用程式在不同環境下運作的一致性。

安裝 Docker 並獲得 Dockerfile 的存取權限，便可輕鬆地將新合作夥伴加入專案，只需執行 docker run 指令即可啟動測試環境。若是在容器中模擬生產環境，則此測試環境將更近似於生產環境。

gh

gh（*https://oreil.ly/dSBI3*）是一個擴充 Git 功能的工具，可透過命令列處理 GitHub 相關的任務，並採用 Git 作為版本控制和 GitHub 作為專案儲存庫。

譬如，當你想測試提交到專案的提取請求（PR），可以使用 `gh pr checkout <issue-number>` 指令檢查出該特定的提取請求，然後在本地環境中進行測試，以確保在合併 PR 之前，應用程式可以在不同的環境中正常運作。

Git

Git 是一個分散式版本控制系統（有關版本控制的更多資訊，請參閱第六章）。

HTTPie

HTTPie 是一個 HTTP 用戶端命令列工具，可供測試、偵錯和支援 JSON 格式。此外 HTTPie 尚提供語法強調的功能，可令 HTTPie 與 API 互動時能夠更清楚地醒目顯示資料內容。

Jq

jq 是一個靈活的輕量級命令列 JSON 處理器。與 cURL 結合使用，可以從命令列處理 JSON 的輸出。

mkcert

mkcert（*https://oreil.ly/T8R4i*）是一個受本機信任開發的 SSL 憑證建立工具。

ShellCheck

ShellCheck 是一個檢查 bash 和 sh shell 指令碼問題的實用工具，用來找出常見的錯誤和誤用指令。團隊可透過設定檔來忽略不希望檢查的特定程式碼。

tmux

tmux（*https://oreil.ly/Qrkny*）是一個終端機多工程式，能夠在一個終端機切換多個不同的程式。此工具可以在同一個命令列介面中使用多個終端機視窗，並且能夠在背景執行程式，讓你可以在多個工作之間切換而不必退出當前工作。

Tree

tree 是大多數作業系統內建的一個實用工具，能夠以樹狀結構格式列出目錄的內容。tree 可以協助我們更清楚地瞭解檔案系統的結構，尤其是在瀏覽目錄的完整內容時非常實用。有時候展現完整的目錄結構，不僅僅是指「在當前的目錄位置」，更有助於發現可能被遺漏的問題。

總結

系統管理工具箱包含一系列程式化工具和技術，旨在減輕認知負荷、提高效率並實現系統的一致性和可重複性。這些工具和技術使得系統管理員能夠自動化和管理系統的安裝和設定，確保系統能夠擁有預測且可信賴的基礎。

一個優良的本機開發環境需要提供合適的文字編輯器、程式語言、框架、涵式庫以及其他應用程式，讓你可以進行實驗、學習和評估在生產環境中所進行的系統變更。

選擇實用的工具與你合作的人共享資源，並透過共同減輕個人的負擔來加深互信合作，讓日常任務的執行更加輕鬆。

更多資源

無論你現有的背景知識為何，建議閱讀 Thomas A. Limoncelli 的文章「Low-Context DevOps」（*https://oreil.ly/OtR64*），深入瞭解如何建立環境以提高生產效率的相關資訊。

也請查看以下關於 dotfiles 的資源：

- 在 Github 上的 Dotfiles（*https://oreil.ly/KwzW2*）。
- Lars Kappert 的 Medium 文章「Getting Started with Dotfiles」（*https://oreil.ly/I1zwu*）。

第六章

版本控制

假設讀者正在經營一家小公司，並與異地合夥人共同管理一個商業銀行帳戶來支付帳單。雖然網路銀行讓你可以隨時登入查詢財務狀況，但它並不會告知即將進行計畫中的變更，也無法提供有關財務管理的深入建議。因此你常常因未支付帳單而遭受逾期罰款，偶爾還要對同一家供應商重複付款而產生透支費用的問題。

為瞭解決這個問題，需要採用一套系統，讓你能夠準確安排帳單的付款時間，避免逾期支付產生額外的違約金，同時可追蹤計畫中變更的責任歸屬，確保每一項異動都獲得適當的處理。此外，這套系統還可改善你和遠端夥伴之間的協作能力，能夠更有效率的達成工作目標。歸根結柢，你的企業與其他企業的區別不在於如何管理公司財務，而在於如何管理系統。

現在，請將「與商業夥伴共用的銀行帳戶」看成是需要管理的系統。你的商業夥伴好比是共同合作的團隊（也包括未來凌晨 2 點需處理系統更新狀態，並偶爾出錯的自己）。團隊中的每位成員對於管理系統各有不同的偏好，除非大家就一種共同的工作方式達成共識，否則每當系統發生衝突時，眾人都會體會到修復系統伴隨而來的挫折與懊惱。反而言之，假如採用版本控制，並利用組織中已有的工具（例如 Git、Artifactory、GitHub 和 GitLab），則可以增加對系統的瞭解和責任歸屬，並緩和因系統衝突所衍生的負面情緒。

在本章裡，我希望協助讀者認識版本控制，令你能夠將工作納入版本控制以便管理及追蹤異動，並擁有再現性、責任歸屬和衝突管理的機制。

什麼是版本控制？

版本控制（Version Control）是個有些容易令人混淆的術語，部分原因是因為我們常常使用同樣的詞語和縮寫來指涉不同的事物。這個名詞被使用得太過泛濫，其含義也是琳瑯滿目。

部署一個系統需要原始碼或二進制套件、設定檔、部署腳本，以及所有橫跨端到端，讓一切都能夠準備就緒和監控的處理流程。而對此進行備份與風險最小化的方法就是版本控制。

由於人們常誤將原始碼控制和版本控制這兩個名詞混為一談，因此往往以為「版本控制」的應用僅限於軟體開發者用於維護原始碼的領域。然而，版本控制的機制（管理和追蹤設定檔、腳本和建立映像等等的異動）對於系統管理員而言也至關重要。透過版本控制，系統管理員可以建立多個使用相同設定的環境、複製並還原系統至原始狀態，並運用推薦的最佳做法來符合規範要求。總而言之，版本控制是一種管理和追蹤資料變更的方法，不僅適用於文字檔案如程式碼和設定檔，也包括建立物件和映像等其他檔案。

請參考圖 6-1。從廣義的角度來看，如最大的矩形所示（也是本章重點討論所在）。版本控制是一種管理和追蹤資料變更的實踐方式，可適用於程式碼、設定檔以及建置軟體成品和映像等文字檔案。

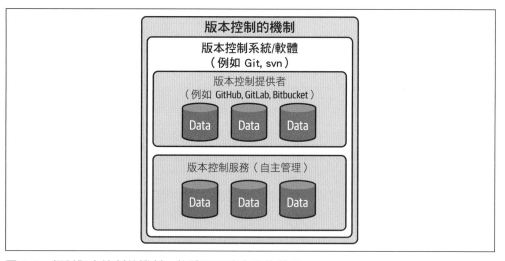

圖 6-1　探討版本控制的機制、軟體和服務之間的差異

中間的矩形區域包含版本控制系統（VCS）。VCS 是特定版本控制軟體的具體實現，例如分散式系統 Git 和集中式系統 Subversion（svn），它們以不同方式處理系統存放所有檔案版本歷史的版本庫，以及相互獨立且互不干擾的版本分支。

除此之外，還有另一種未呈現在圖內的 VCS：軟體成品管理系統。軟體成品管理系統是管理已編譯的二進位檔案之資源庫，而非純文字檔案。

最後，兩個內部矩形代表 VCS 的實現方式，由版本控制提供者管理（例如 GitHub 和 GitLab）和自主管理。

版本控制的優點

在我首次獲得完整管理權限（也就是 root 密碼）的系統管理員職務不久後，同事教我如何更新系統設定。第一步是備份檔案，以便需要時可以回溯至已知的良好狀態。接著是修改檔案，有些系統需要使用 ed，它不像現今編輯器那樣方便，出現作業失誤如家常便飯，通常我會依賴備份檔案來再次嘗試，然後重啟服務並驗證它是否處於運作正常狀態。當我熟悉管理系統的各種細節時，注意到很多舊的備份檔案存放在服務目錄，它們命名的方式很隨意，從 *.bak* 到 *.bak.date*、*.date.bak*、*.name.date.bak* 等等。要分辨哪些額外檔案需要保留，而哪些檔案可以刪除令人大傷腦筋。

如今不必直接設定系統。相對的，可以採用 VCS，無須建立獨特的備份命名方式。即使尚未遷移到能自動處理版本控制的系統設定，仍然可以將版本控制設定部署到你的特殊系統，以利用系統化、重複性和文件紀錄的方式進行維護。使用 VCS 可透過以下方法取得系統修改的管理和責任歸屬：

- 每個版本的副本

- 新增、刪除和修改的存取控制

- 變更的歷程紀錄，包括負責修改的執行者

- 避免或處理系統衝突的處理

- 記錄變更的能力

身為特定系統的唯一管理員，可以利用版本控制來隨時追蹤系統的狀態，並記錄與系統異動相關的決策。此外，採用版本控制是與團隊和組織內部其他成員協作的基礎，以此協助他們瞭解管理系統的標準做法。

運用 VCS 來管理基礎架構程式碼、設定檔和系統工具。除了程式碼以外，還有幾項重要的優勢：

可再現性

利用腳本、設定檔和軟體套件來部署特定版本的系統或環境。

培養企業文化

透過版本控制的更新日誌來協助新夥伴更快速適應與熟稔團隊合作，進而提高生產力和效率。

管理修改的權限

你可以授予非團隊成員讀取團隊資源儲存庫的權限，使其能檢視或討論專案內容，使得非團隊成員可以查看到任何正在進行的修改及工作進展。另外，你可以授予個人允許更改的權限，從而實現彼此之間的互動，不必賦予修改儲存庫的權限。

責任歸屬

使用 VCS 來追蹤系統異動。系統修改的歷史紀錄提供了稽核日誌，讓你能夠回應關於每個系統建立者及其用途方面的問題。除此之外，責任歸屬可以降低成本，因為可對系統進行稽核以確保其存在的必要性。

管理基礎架構專案

看你是選擇將每個專案存放在每個儲存庫（multirepo），還是將所有專案放在同一個儲存庫（monorepo），這並沒有絕對正確的專案組織方式；因為這兩種方式皆有其利弊，包括程式碼管理、相依性管理，以及組態控制：

程式碼管理

採用多儲存庫表示每個儲存庫存放一個專案，但是專案沒有整體的概念。因此，有部分專案可能與專案定義非常相符，但其他專案功能或模組定義可能不是那麼明確。舉例來說，假設有一個用於設定筆記型電腦的輔助腳本，你

可以將其存放在同一個儲存庫。倘若有多個類似的輔助腳本或者和工作站相關的程式碼，最好將它們進行分組。如此一來，有助於更妥善管理程式碼，使其易於理解和維護。

那麼，要如何令你的團隊找到這個輔助腳本，或者如何確定腳本是否已經存在？使用同一個儲存庫，搜尋範圍僅限於一個儲存庫。採用多儲存庫的情況下，團隊需要知道所有儲存庫才能進行搜尋。

隨著單一儲存庫的專案規模逐漸成長，可能導致在移出並建置程式專案時，遇到效能降低的問題。而運用多儲存庫，專案之間互不影響，但可能會導致程式碼重複或是相依關係變得錯綜複雜。

無論採用哪種模式，理想情況下，都應該在公司內制定一套標準作業流程，以減輕人們對新專案規劃的認知負擔。

版本管理

使用多儲存庫，可以對每個專案進行獨立的版本控制。

相依性管理

使用獨立的儲存庫可以將相依性鎖定在特定版本，對於需要使用相同軟體版本的專案提供不少便利性。假如它們需要使用相同的軟體套件，但版本不同，就可能會在管理相依性配置時出現麻煩，導致一個專案必須升級所有的程式碼，以使用最新版的軟體套件。

利用多儲存庫，每個專案的相依性可以鎖定到所需的版本而不會發生衝突。

組態控制

當功能獨立的團隊需要合作不同的專案，並以不同方式使用單獨的儲存庫時，工作偏好可能導致團隊之間的個人衝突，進而影響程式碼審查和程式碼合併的進度。

此外，還可能會出現這樣的情況：多個團隊共同合作的儲存庫擁有權歸屬問題。因此對其進行變更和驗證這些修改的負責人，是否無法釐清其他團隊的責任歸屬。

將資源分組到較小的儲存庫中可以將問題最小化，但也會增加學習曲線，因為需要更深入瞭解哪些儲存庫應用於特定的變更需求。

這份權衡清單內容並不完整。團隊必須在單一儲存庫或多儲存庫之中，決定哪一個較為適用。最好將團隊的偏好記錄下來，以便在與其他團隊協作或加入新成員時，合作夥伴能夠理解彼此所達成的共識。

總結

版本控制是管理和追蹤資料變更的一種解決方案。讀者的系統架構和其管理方式都是關鍵的資料，因此採用版本控制是提高系統架構管理效率的重要方法。VCS 提供以下簡化管理的方式：

- 提供稽核日誌（*audit trail*），以確定每次修改的責任歸屬，並記錄專案的每個版本。

- 利用存取控制監控更改資料的權限。

- 提供處理系統衝突和權限的機制。

這些功能為讀者和團隊提供了一個相當靈活的工具組，適合共同維護和擴充基礎架構。

第七章

測試

在與其他系統管理員的多次對談中,筆者常常感覺到他們並不認為自己是測試人員。但不論我們是否自認為測試人員,實務上都會經常利用測試來瞭解任務狀態,並進一步探索環境、以更全面地熟悉系統運作的情況。我們希望能避免那些在凌晨時段收到需要及時處理的警示訊息,或者至少學會迅速排除並解決異常的問題。在本章裡,讀者將學習到如何撰寫測試內容以利用自動化進行測試、評估測試的有效性,並依據需求進行調整。這些概念將有助於將測試應用於架構程式碼(第 11 章)和基礎架構管理(第 12 章)。

你已經在測試

你是否曾經試過在非生產或非即時系統上安裝一套軟體,觀察系統的反應以及是否影響任何使用者的問題?這種人工測試方法被稱為探索性測試(Exploratory Testing)。探索性測試的目標是透過實驗並查看可能需要更多主觀分析的領域,以協助發現未知問題。在〈探索性測試解釋〉(*https://oreil.ly/BZEa1*)一文裡,James Bach 將探索性測試定義為「同時學習、測試設計和測試執行」。與腳本化測試相比,探索性測試利用測試人員的知識和觀點來發現系統中的問題,因此容易受到個人偏見的左右。

你可以採用更嚴謹的分析方法來提高人工探索的客觀性,例如定義具有短回饋循環的測試目標來指導下一步動作。另外,與軟體工程師和測試人員合作,可以協助修改測試,以排除某些腳本測試和架構程式碼(infracode)的人工測試。

提升團隊對程式碼的自信

測試有助減少對於修改程式碼後的疑慮。與其冀望每個人執行測試的過程完美無缺,不如建立保障機制,協助團隊有充分的把握,針對問題對症下藥。

加速提供可用的工具和基礎架構

經由多次的測試,可以信任通過測試並快速推出正式版,以確保版本的可靠性。

應對新專案

在已具備自動化測試的條件下,其他人可以承擔你已完成的工作責任,為個人創造一個自由學習和修改的安全開發環境。

記錄程式碼的預期功能和應用場合

良好的測試規劃,可以清楚地描述程式碼預期達成的功能。

測試能夠協助你交付一個包括基礎架構和腳本運作良好的軟體成品,杜絕單一知識點,並提升對問題的掌握,不讓終端使用者輕易地遇上缺陷問題。

新的團隊成員在任職時,透過瞭解產品和流程,能夠以客觀的見解來為產品改善品質,並糾正存在於流程中的問題,澄清可能存在於團隊內的誤解和不一致之處。

來看看其他常見的測試類型。讀者可以撰寫這些測試腳本並用來建立自動化測試:linting、單元測試、整合測試和端到端測試。

常見的測試類型

透過測試能夠撰寫更有效率的工具和架構程式碼。瞭解不同類型的測試,包括其優缺點,可以協助你建立適當層級且可維護的測試。由於這些測試類型沒有確切的定義,因此根據不同團隊,測試結論也不盡相同。例如,某些 Google 團隊會根據測試規模而非類型來定義測試(*https://oreil.ly/EgVgm*)。

Linting

Linters 是一種基本的靜態分析工具，可發現程式碼的模式或版面風格規則問題。透過 linting 可以及早找出程式碼的問題，而不需要編寫特定測試程式。此外，它能夠發掘可能導致安全性漏洞的邏輯錯誤。Linting 與對程式碼進行格式的修改不同，因為它分析的是程式碼如何運作，而不僅僅只是它的外觀。

 如果在目前的專案執行 linting 工具，可能會收到多個警示。如果現行的版面風格或規則較特殊，更換功能性程式碼的風格可能會令團隊感到失望。與其立即進行變更，不如透過設定 Linter 查看其結果並明確記錄程式碼的慣例。

在開發工作流程期間使用 Linting 有三個主要原因：發現錯誤、提高可讀性，和降低差異性。

發現錯誤（臭蟲）

發現錯誤的最佳時機通常是在剛完成程式的階段，此時程式碼在你的腦海裡仍記憶猶新，對於想表達的程式碼意圖也非常明確。透過在撰寫程式碼的同時進行 linting（程式碼檢查），可以在執行程式碼的情況下進行修正。雖然可以人工執行 linting，但現今大多數編輯器均提供檢測程式碼錯誤的 linting 外掛程式，能夠即時回饋可能出現的問題。你可以在問題出現時立即進行修正，而不需要在提交程式碼並等待送交提取請求核准後才進行修復。

提高可讀性

一致且易於閱讀的程式碼較容易維護、修復和擴充功能。當你需要在現有的程式庫展開工作時，原始作者很可能已經遺忘當時編寫程式碼的設計思維和背景，這樣就會讓程式碼變得比較難以理解和修改。但如果他們編寫了清晰易懂的程式碼，那麼上手就容易得多。程式碼檢查工具（Linters）有助於確保程式碼的可讀性。

降低差異性

一致的標準和規範可以確保程式碼的統一性和完整性。編碼風格可以避免關於團隊慣例的爭議，讓你可以將心力集中於討論更具重要性的更動，例如特定的架構設計或安全性修正。

你可以透過設定檔案的方式調整 Linter，以符合團隊標準，同時忽略或修改預設規則。舉例來說，在 Ruby 語言的 Linter RuboCop 中，預設的每行長度為 80 個字元（*https://oreil.ly/9pvRX*）。由於現代顯示器較傳統 72 字元的 TTY 顯示器更大，因此你的團隊可能會希望增加每行的字元數。透過建立或更新專案原始碼儲存庫的 RuboCop 設定檔 *rubocop.yml*，可將檢查每行長度設定為 100 個字元，確保每位專案的負責人在執行程式碼檢查時，都不會因為長度小於 100 個字元而出現警示。

範例 7-1 更新 RuboCop 檢查每行長度的設定檔

```
Metrics/LineLength:
Max: 100
```

儘管每個人對於在程式碼中使用兩個或四個空格及使用 tab 取代空格有所偏好，但團隊可以在他們的編輯器裡審查程式碼和設定是否符合團隊標準。這樣一來，程式碼檢查可以著重於執行細節而非風格的確認，同時保持程式碼風格的一致性。

以下是系統管理員在日常工作所使用的一些常見語言程式碼檢查工具：

- Shell 腳本使用 ShellCheck（*https://oreil.ly/saNSu*）
- JSON 使用 jsonlint（*https://oreil.ly/U3XTU*）
- YAML 使用 yamllint（*https://oreil.ly/Nvqgm*）
- Python 使用 Black（*https://oreil.ly/QmFPJ*）
- CSS、HTML、JavaScript、Markdown 和其他語言使用 Prettier（*https://oreil.ly/tfMFe*）

單元測試

單元測試是快速檢查一段程式碼是否按照預期工作的小型測試，旨在對程式碼進行內部測試，而非真正執行。單元測試利用模擬的外部資源，比如對資料庫的請求或對特定服務的呼叫，以避免使用真正的資源。利用 Stub 可以讓單元測試快速且準確地評估程式碼的正確性，因為它們通常執行相當迅速（通常不到一秒鐘），同時可以避免環境問題對測試結果的影響。由於單元測試並不是在系統實際運作狀態下檢查程式碼，因此你無法透過此類測試得知元件之間的連接問題或相依性問題。

單元測試通常是專案測試策略的基石，因為它們執行速度快，容易檢查程式碼的正確性，並且不易產生問題或干擾，同時能夠將問題所在之處加以隔離。單元測試還有助於解答有關設計、行為回歸、程式碼行為預測和新增功能準備的問題。

在撰寫單元測試時，請確保測試的內容是你的程式碼。例如，當撰寫設定檔或建立目錄的架構程式碼時，單元測試應該審查你所撰寫的程式碼能否成功設定檔案或建立目錄，而不是測試架構程式碼平台是否知道如何執行這些任務。撰寫描述期望的結果並審查程式碼的測試。

在架構程式碼中，一個單元可以是由管理系統控制的檔案、目錄或運算範例。相對地，審查這些範例單元的單元測試會描述檔案、目錄或運算範例，以及特定屬性的需求。這個單元測試會描述預期的行為，以確保你的程式碼符合所需的標準。

整合測試

整合測試（*Integration test*）用來檢查多個物件互動的行為。由於團隊對「多個物件」的定義可能不同，因此整合測試的具體內容亦有所差異。整合測試可以從兩個「單元」協同工作的狹義範圍，延伸到多個不同且更重要的元件協同工作的廣泛範圍。雖然整合測試在臨時環境內執行，並不會測試專案中的每個單獨元素或元件，但它可以更深入地瞭解整個專案在更廣泛範圍下的行為。

讀者可以進行測試，確認資料庫是否成功地進行安裝、設定與正確啟動，以提供連線等功能。

端到端測試

最後，端到端（E2E）測試可在臨時環境測試中使用真實資料，審查專案從開始到結束的行為流程是否符合預期。E2E 測試確保由架構程式碼定義的應用程式和服務是否能夠按預期正常運作。不難想像，建立並設定新的範例，然後進行整組測試，可能需要花費相當長的時間。此外，E2E 測試的失敗不僅限於單一元件的問題，且無法確定其原因。這些測試會檢查特定功能的輸出，因此非常脆弱，需要更頻繁地更改測試程式碼。譬如，Amazon 的可用性區域環境測試若存在網路問題，可能會導致 E2E 測試因不穩定而出現失敗。測試失敗的次數越多，人們投入維護這些測試的意願就越小，進而導致整組測試的品質降低。

即使面對這些挑戰，E2E 測試仍然是測試策略中不可或缺的一環，因為這種測試可以模擬實際使用者與系統互動的情況。現代軟體可能由許多相互關聯的子系統或服務所構成，這些是由組織內部或外部不同團隊建置的。組織依賴這些外部系統，而不是在內部耗費資源來打造它們（這樣的風險可能更高）。系統管理員通常負責管理系統之間需要互相連接的邊界，以確保系統的連接性。

 透過找出和讀取服務產品的測試，可以找到協助自動化基礎架構測試流程的工具或模式。這些工具或模式可以幫助你省去人工測試流程進而提高效率。

明確的測試策略

業界通常會透過「測試金字塔」的比喻來描述測試策略。在 2009 年，Mike Cohn 在他的著作《*Succeeding with Agile*》（Addison-Wesley 出版）中創造了「測試金字塔」（*https://oreil.ly/jmisr*）這個專有名詞，它被賦予一種視覺化的方式來思考與規劃系統的測試策略。

如圖 7-1 所示，測試金字塔強調不同類型測試的重要性，同時承認測試具有不同的執行時間和成本。隨著圖中測試類型往下走，測試執行速度會加快，因為範圍和複雜性都在減少。

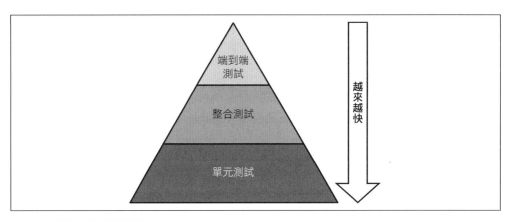

圖 7-1　測試金字塔框架

一個較佳的撰寫測試規則是盡可能地將測試深入至系統架構的最底層。在架構的底層進行測試能夠提高測試執行的速度，並且更快地回應有關軟體品質和風險，這是因為單元測試更接近於測試特定功能的程式碼。相較之下，E2E 測試更接近於終端使用者的體驗；因此，金字塔的形狀取決於編寫其中某類型測試所耗費的心力和時間。

讀者可以檢視專案中的測試，根據測試的數量和類型來評估測試策略，以瞭解應該新增或刪減哪些的測試內容。

把測試看作是堆積木，例如，單元測試就像是 1×1 的積木，而整合測試則會測試多個元件且大小範圍不一，例如從 1×2（測試 2 個元件）到更大的尺寸。即使你的 E2E 測試會有不同的規模，若是在較早且速度較快的測試中已經測試了該元件，則無須深入到每個元件的細節。

在圖 7-2 中，可依據測試的不同數量和類型，以圖形方式來呈現軟體專案的測試策略。在圖的左側，健全的測試策略主要使用單元測試；而整合測試用於橋接元件，並且僅利用少量的 E2E 測試。在圖的右側，當專案使用過多且過於具體的E2E 測試時，這些測試需要花費更長的時間才能執行，這是不健全的測試策略。

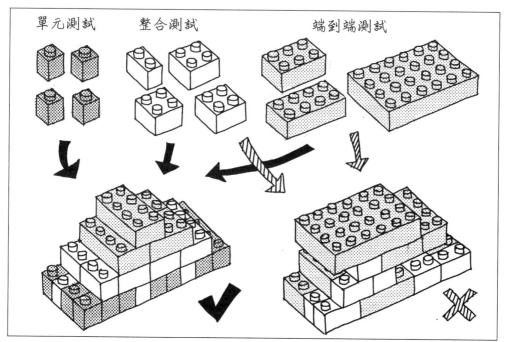

圖 7-2　自動化測試評估（圖像作者 Tomomi Imura）

讓我們模擬一些不同測試的執行方式，以瞭解可能存在的問題以及需要採取的步驟，包括新增或刪減測試。檢查測試執行可以協助你瞭解有多少無形的工作被轉嫁到你的團隊。

在圖 7-3 中，每個階層都有大致相等的測試數量，這表示測試具有重疊性，也就是在不同層級測試相同的內容；這表示測試時間可能更長，且導致軟體成品交付到生產環境的時間延誤。為了解決這些問題，可以找出測試的重複部分，並在 E2E 測試週期內減少這些測試範圍。

圖 7-3　方型測試

在圖 7-4 中，如果 E2E 測試的數量較多，而單元測試的數量較少，表示在底層進行的單元和整合測試覆蓋率不足，代表測試時間更長，並延誤程式碼的整合，因為需要更長的時間來審查程式碼是否能按預期正常運作。然而增加單元測試覆蓋率將增強對程式碼修正的把握，並降低合併程式碼所需的時間，因而減少出現不相容的情形。

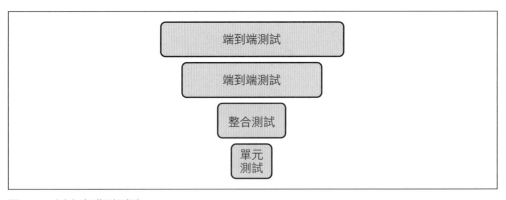

圖 7-4　倒金字塔型測試

在圖 7-5 中，如果測試的覆蓋率很高，但 E2E 測試的數量明顯比整合測試的數量還多，表明整合測試的覆蓋率不足，也許擁有比所需的 E2E 測試更多。E2E 測試較為薄弱，需要在修改時投入更多的心力和維護。

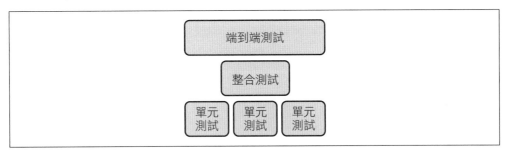

圖 7-5　沙漏型測試

不同的測試策略也可能表示團隊耗費更多的時間來維護測試，而非開發新的功能。然而，基礎架構程式碼測試不見得會遵循這些模式。具體而言，除非可能存在不同的設定路徑，否則基礎架構組態程式碼測試不會受惠於單元測試。例如，由於支援不同的作業系統而存在平台需求差異時，單元測試即能發揮其優勢。當開發、測試和生產環境存在差異，或者需要確保生產環境的 API 金鑰不會被部署到開發與測試環境，此時單元測試亦能派上用場。

如圖 7-6 所示，儘管你希望將測試盡可能地推向最底層，但由於基礎架構程式碼的特性，整合測試可能是最適當的測試層級。

圖 7-6　修改後的測試金字塔（用於架構程式碼）

改善測試，從失敗中學習

撰寫測試相對容易，但寫出完善的測試通常具有一定的挑戰性。就像鍛鍊任何技能一樣，需要不斷練習撰寫測試。為了逐步提高自己的技能水平，需要反思失敗

並應用所學到的經驗。通過測試表示你還沒找到問題。現在來談談如何利用從測試過程獲得回饋的訊息。

為了評估並理解如何將測試納入自動化，必須瞭解測試失敗的原因。測試失敗是在告知你不僅僅只是「發現程式碼有問題」，仔細檢查測試失敗的原因以及獲得不同類型的回應，可以協助制定測試路線並自動化可能的回應。

在你建立和更新測試自動化測試時，思考這些因素對你有所助益。假使自動化無法依據測試結果得到回饋，只會增加工作量，並降低帶給客戶的價值，讓團隊感到挫折。因此，你可以規劃如何評估測試的不同結果，並實施類別控管以區分哪些方面可自動化，以及哪些方面需要人為干預。

測試失敗通常可分為以下四種主要類型：

環境問題

這是最常見且最容易解決的問題。某些環境問題包括檔案權限、網路連接、硬體問題，或是測試與正式環境之間的差異。

有瑕疵的測試邏輯

當測試無法正確地測出程式碼時，無論是規範變遷或是對程式碼的初步想法錯誤，就會出現這種情況。

假設發生改變

有時測試的執行是基於你對系統運作的假設，例如變更測試執行的時間，卻沒有修改程式碼，導致測試失敗，這種情況就是因為做的假設發生改變而產生了問題。這種問題需要重新檢查你的假設，並確保在測試過程考量到這些變化。

實作缺陷

這種錯誤通常是最不常見的測試失敗原因，但也是最難鑑定和解決的類型。當你認為已排除了其他可能性時，需要啟動除錯工具來開始檢查程式碼的問題。

測試失敗案例研究分析

作者：*Chris Devers*

筆者的團隊發現執行部署工具時，測試框架回報 Web 服務未啟用。然而為什麼會突然出現這個錯誤還不清楚，我們並沒有修改 Web 服務設定的程式碼。

經過調查後，我們發現一個更龐大的系統設定腳本會無條件執行 Web 服務設定腳本，接著再執行第二個工具來設定其他服務。第二個工具重新啟用了 Web 服務，掩蓋了 Web 服務設定腳本的漏洞。不幸的是，當我們重新組織系統設定腳本並重新排序步驟時，Web 服務被它的設定腳本關閉，而且沒有重新啟動。

這個案例呈現了測試失敗的不同類型。修復更廣闊的系統設定腳本引出了一個以前不存在的環境問題。修復依賴關係的想法很好，但假設各個步驟結果皆相同。原本卻可以透過單元測試提前發現這個問題，最終我們將缺陷追溯到 Web 服務設定腳本。另外，即使沒有單元測試，整合測試框架也在客戶注意到問題之前檢測到了異常，這種分層測試方式仍不失為一個成功的做法。

在已建立的專案中，很容易將測試失敗歸咎於實作缺陷，但找出程式碼的瑕疵可能得為此付出高昂成本。因此，在修改程式碼之前，應優先排除環境問題、檢查測試執行或假設變更等因素，以避免浪費時間修改程式碼而徒勞無功。

接下來的步驟

測試方法不勝枚舉，本章內容未及介紹的還包括燒機測試、效能測試、一致性測試、壽命測試、安全性測試、滲透測試和容量測試等等。同時，你也可以持續改善程式碼，不過依據軟體的使用場合，可能需要採取不同的測試策略。例如，長期存在的單體式資料庫可能會因為記憶體洩漏，而容易產生不易察覺的資源分配錯誤。可惜的是這些問題在短時間的測試過程內難以檢測，也許會導致生產環境容易遭受服務中斷的威脅。在這種情況下，你可以在測試環境模擬實際運作負載長達數天甚至數週，以期能在投入正式生產之前發現異常。

假如你的生產環境是短暫性質，資源容易遭到清除且經常重新啟動，那麼不需要在長時間執行的測試環境耗費成本。隨著你的測試技能漸趨精進，將會發現更多瞭解系統品質和潛藏漏洞的方法。對於每種不同的測試類型，都有許多專門的資源可供使用，可以根據自己的需求尋找相關資訊以解決特殊環境下的問題。

最後，不必自始就擁有完美的測試策略。相反地，在發現環境具體問題的過程當中，需要反覆進行並改善測試策略。

總結

測試是瞭解系統、探索新技術以及評估變更是否按預期運作的一種方式。在測試系統時，可以採用測試金字塔模型，根據單元測試、整合測試和端到端測試來安排測試工作。

測試框架如果過度偏向上層的端到端測試，將會需要大量的人力投入，並且很難精確地找出測試失敗的具體原因。另一方面，若是整組測試偏重單元測試，就容易實現自動化，並且能夠提供清晰快速的回應，且擴充性也較佳。

在撰寫測試來審查程式碼的當下，需要考慮如何評估測試以瞭解撰寫正確測試方法。通過測試的結果可能表示程式碼修改得宜，但也可能代表測試不夠完備。測試失敗可能有多種原因，包括外部環境因素，或者是測試內容存在瑕疵或過時的假設，導致曾經運作正常的程式碼出現錯誤。在得出程式碼存在缺陷的結論之前，應先評估和排除這些因素。

第八章

基礎架構安全

在我職業生涯擔任 Unix 系統管理員的任內初期，曾見到大量來自美國以外的外部 IP 位址多次試圖登入主機的失敗紀錄，令人感到莫名的憂心，因為我們只有兩位專責人員處理資安事件，涵蓋從實體網路到 Unix 系統網路和主機入侵的所有相關事故。看到這些登入失敗的紀錄，不免擔心是否還有未檢測到的其他惡意活動。透過與資安小組討論這些問題，令我更加清楚駭客具有的危險性與動機，學習其行為模式和資源，並建立不同團隊之間的關係。

儘管世上沒有無懈可擊的安全防護，但讀者可與組織的其他部門協作，築起能夠接受的安全防護。為了達成這個目標，尤其是在當今攻擊不斷進化，而偵測或善後的成本越來越高的情況下，每個組織需要進行的資安工作負擔無法減輕，並交給同一個團隊來負責。因此，在本章裡，我將重點介紹一些通用的資安原則，協助讀者能夠定義安全性、解釋威脅模式，並在架構規劃期間採用若干種傳達資安價值的方法。

什麼是基礎架構安全？

基礎架構安全能夠保護硬體、軟體、網路和資料免受損毀、竊取或未經授權的存取。可惜的是，即便資安的最終目的是降低人們對此類的隱患，許多人總是認為安全與理想的功能會和使用者方便性相互牴觸，這種情況可能會加劇落實資安的阻力。

漏洞泛指對網路、實體或虛擬機器、應用程式或儲存及處理的資料風險。當告警事件發生時，你不會希望發現系統已被入侵、資料已損毀或網站遭到竄改。那麼該如何增強系統和服務的安全性呢？

其實要像處理其他難題一樣來處理資安問題。將「安全性」這個龐大的任務拆解成較小的可達成任務，供團隊反覆進行討論。接受回饋意見，並學習能夠影響與改善團隊和軟體、資安工程師之間協作的方式。

資安事件不是「是否」發生的問題，而是「何時」會發生的問題。這些事件會對公司造成財務損失並降低使用者的信任。由於相依關聯性，例如底層函式庫、作業系統和網路協定，可能存在安全性漏洞，因此基本上，釋出或管理安全無虞的應用程式或服務是項無法達成的任務。無論在建立還是部署開放原始碼或商業軟體，都應該規劃分層策略，以盡量減少漏洞並降低駭客利用弱點的機會。

分擔資安職責

當讀者選擇採用雲端運算服務，就表示允許對方分擔資安職責。你所交付給雲端服務供應商的維運負擔越重，供應商所能替你處理的資安層級也就越高。例如某家雲端服務供應商提供專屬伺服器，他們會購買硬體並連接至你使用的網路，來管理對該伺服器的實體存取權限。

現在從資安角度重新檢視第二章的運算環境。

從圖 8-1 的底部開始，若你負責管理專屬的實體設備，必須肩負起安全職責欄位內列出的所有項目的責任。越是靠近上方欄位，服務供應商就越需要接手承擔下方欄位的資安責任。

 資安的責任不是完全由「資安團隊」承擔，不同的角色會有不同的資安責任。若讀者擔任系統管理員，並負責系統的維護，則不應該在不熟悉的情況下執行資安工作，因為這樣容易導致過勞。相反地，要讓必要的工作公佈出來，使團隊和管理階層能夠根據需求進行評估和優先處理。

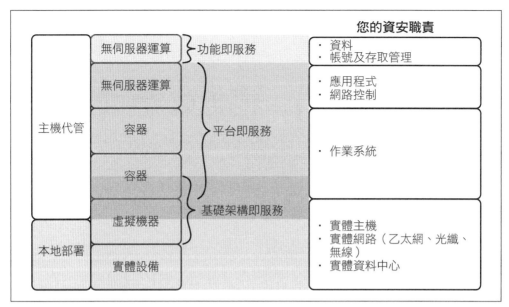

圖 8-1　不同運算環境下的資安責任

無論讀者採用雲端服務供應商的基礎架構即服務（IaaS）、平台即服務（PaaS）或功能即服務（FaaS），仍須承擔部分資安責任。你可能認為在使用服務供應商的服務時，他們會負責所有基礎架構的安全性，但最起碼你仍須設定帳號和存取權限、指定和設定終端機，以及管理資料。例如，若是將雲端服務設定為全球公開存取，即使供應商將磁碟的所有資料內容加密，也毫無意義。

對於任何供應商，都應該詢問並瞭解他們的資安措施。當有人利用你的供應商漏洞時，如果你告訴客戶「這是供應商的責任」，這將會失去客戶的信任，並承受因妥協所帶來的財務損失。至少應瞭解供應商如何處理通知以及發現資安事件時的適當升級路徑，以評估其資安能力。

以駭客視角來思考問題

以駭客視角來思考事情，意指採取不同角度觀察你所管理的系統，可以提升系統的安全性。

威脅建模是一個流程，透過這個流程能夠辨別、優先排序並記錄對組織資產（例如硬體、軟體和資料）形成威脅的潛在危險，以協助你建立更安全的系統。可惜的是，當你並未設計或部署該系統或服務時，經常不能被完全解讀或瞭解資產。有時候，威脅建模過程中發現的詳細資料會增加對組織的風險，卻沒有提供足夠的價值；因此它們是可以被刪除的建議候選項目，以降低整體成本。

接下來考慮不同的攻擊媒介或攻擊面。**攻擊面**指的是與組織特定資產相關的所有可能的入侵點，例如終端機、資料庫連線和網路傳輸的漏洞。

威脅建模工具

有多種威脅建模工具可用於揭露並檢視系統內的問題：

- 通用漏洞評分系統（NIST Common Vulnerability Scoring System Calculator）（*https://oreil.ly/MWlE6*）。

- 微軟的威脅建模工具（Microsoft's Threat Modeling Tool）（*https://oreil.ly/lT8Ml*）。

- 攻擊模擬和威脅分析（Process for Attack Simulation and Threat Analysis, PASTA）[1]。

- OWASP 威脅模型控制欄位速查簡表（OWASP Threat Modeling Control Cheat Sheet）（*https://oreil.ly/QS72x*）。

如果目前還沒有使用威脅模型工具，建議考慮使用其中一種來協助瞭解系統內的漏洞和需要改善之處。世上沒有完美的方法或工具，唯透過必要的討論來從中學習事物。

---

[1] 請參閱 OWASP 基金會的簡報（*https://oreil.ly/pWfl7*），該簡報介紹了一種名為 PASTA（攻擊模擬和威脅分析流程）的威脅建模方法論，專門針對銀行惡意軟體攻擊進行分析和風險預防等解決方案。

在評估系統安全性時，讀者需要問自己一些問題。例如：

駭客是誰？

駭客可以是任何人，可能是組織內部或外部的人員。根據 Verizon 年度資料外洩調查報告（DBIR）（*https://oreil.ly/pWfI7*）所分析的成千上萬起資安事件的統計數據指出，大多數攻擊皆來自外部。偶爾會出現內部的惡意系統管理員，但內部資安問題通常源於系統設定錯誤或公佈私人資料。在第 11 章，我將介紹一些工具和技術，以協助讀者減少來自於內部的資安事故。

駭客的動機與目的為何？

駭客的動機和目的各不相同。主要的動機可以分為以下類型：

* 娛樂消遣：有些攻擊僅僅只是為了好玩。

* 個人信念：內部人員可能秉持超出組織價值觀和利益範圍的個人信念。

* 意識形態：某些人對組織的社會或政治意識形態存有對立看法，想要藉此損害組織聲譽或拒絕為你的客戶提供服務。

* 報復心態：對組織心懷不滿的內部人員可能想造成危害。

* 經濟利益：一些有組織性的攻擊利用個人身分資訊或敏感資料申請信用卡、販售垃圾郵件、使用現有支付卡進行詐騙，或是入侵個人的資源和服務以獲取經濟利益。

* 間諜活動：國家級攻擊是個日益嚴重的威脅。許多已發生的入侵事件旨在獲取有關國家機密、知識產權和影響政治的情報（*https://oreil.ly/BVku1*）。

他們有哪些攻擊資源？

駭客可以利用的資源包括時間、金錢、基礎建設和技能。隨著駭客工具的不斷演進，駭客獲取目標資產所需的知識門檻也在降低。儘管無法完全預防每一次的攻擊，但你可以採取防護措施，讓駭客每次的攻擊變得更加困難和耗費更多資源，以減少被攻擊的風險。

他們有哪些攻擊機會？

駭客可以利用的機會是進入特定資產的資安漏洞。例如，當軟體出現漏洞或缺陷被發現並公開後，駭客可以在系統和服務尚未修補該漏洞的空窗期內進行攻擊。因此，成功的緩解措施需要意識到必要的修補，以及足夠的時間和權限來完成這項工作。

在某些情況下，資產不在你的責任範圍內，駭客可能會利用這點駭入生產系統。可透過追蹤所有資產並及時修補作業系統和軟體的漏洞，盡可能減少這些攻擊機會。

進一步瞭解如何透過「駭客的視角」來學習，可以參考 Ian Coldwater 在 KubeCon + CloudNativeCon 2019 的演講「Hello from the Other Side：Dispatches from a Kubernetes Attacker」（ *https://oreil.ly/KsOSO* ）。這場演說是從駭客角度出發，提供了寶貴經驗和建議。

此外，另一個不錯的資源是每年的 Verizon Data Breach Investigations Report（DBIR）（ *https://oreil.ly/g77MX*)，這份報告分析成千上萬的資安事件與漏洞，提供有關資安趨勢的深入見解。

設計資安的可操作性

透過分層策略減少服務和應用程式的風險，限制駭客的機遇和潛在漏洞的損害範圍，這種方法被稱為**深度防禦**（Defense in Depth）。分層防禦是指假設系統中的某一處防禦失能，其餘防禦還能夠限制受攻擊波及的範圍。例如，在你的網路邊境建立防禦措施，使用防火牆並設定子網路以限制授權的網路流量。在本地系統中，鎖定具有升級權限的帳號。此外，需要知道這世上沒有百分之百安全可靠的防毒防駭軟體，且應該假定零信任。零信任是指對任何服務、系統或網路都不應有任何隱含的信任，即使採用雲端服務也是如此。

具備資安操作性思維的參與者，參與早期的架構和設計過程，有助於提供對系統架構的早期回饋，並降低後續需要進行重構才能加入安全性的風險。舉個例子，我曾加入一個新成立的團隊，建立一個針對內部用戶的多租戶服務。我檢查了架構，發現程式碼依賴於 MySQL root 沒有密碼的情況。由於這項服務規劃準備數百台後端 MySQL 伺服器，許多未加密的服務實在令人感到擔心。

以下列出了一些可能的攻擊媒介：

- 子網路設定不當可能會使這些伺服器直接面臨鋪天蓋地的網際網路攻擊。

- 入侵內部網路的惡意駭客可能會輕易地破壞未受安全防護的系統。

透過與資安工程團隊的合作，我成功地優先處理這個設計缺陷。在部署到生產環境之前先發現問題，實在令人振奮。倘若從一開始在設計上的協作更加緊密，應可避開後續開發階段因依賴完全開放的資料庫所產生的修復成本。

產品決策者往往會忘記邀請系統管理員參加設計會議。透過與設計和開發軟體人員之間建立良好的關係，你可以藉此創造機會而獲得邀請。擁有早期存取權限的意義，在於你能夠在系統完成開發之前，影響系統操作的相關決策。當需要修改時，你已經建立了必要的溝通管道，可令工作獲得優先處理。

「CIA 三角模型」是一種協作方式，用於協助建立共同背景和調整特殊工作價值，可協同找出資安需求並確定工作優先順序。這個模型以「CIA」三個字母縮寫命名，分別代表機密性（Confidentiality）、完整性（Integrity）和可讀取性（Availability）：

機密性（*Confidentiality*）

限制存取資訊的規則，僅限於授權存取該資訊的人員。

完整性（*Integrity*）

確保資訊的真偽且符合其原始用途，並且只能由具有修改權限的人員進行異動。

可讀取性（*Availability*）

當有需求時，能為需要它的個人提供可靠的資訊和資源存取。

以我稍早前描述過 MySQL 的 root 密碼問題為例，任何有權限存取資料庫管理系統的人，皆可登入該系統（機密性受損），查看和編輯所有可用的資料（完整性受損）。系統管理員可以將 CIA 問題註記為軟體驗收標準的一環，並將可操作性的描述納入優先考慮之範圍。進行有意義的設計討論並追蹤這些內容，有助於為開發和產品團隊的決策提供資訊。

就 Web 應用程式和 Web 服務而言，開放 Web 軟體安全計畫（Open Web Application Security Project，OWASP）（*https://oreil.ly/CuLHL*）為設計、開發和測試提供了一套必要的需求和控管，稱為應用程式安全驗證標準（Application Security Verification Standard，ASVS）（*https://oreil.ly/rZ7gf*）。

 假如你發現設計與實施在持續整合和部署機制方面難以獲得高層支持，那麼減少資安漏洞的影響將是一個極佳的應用案例。

對發現的問題進行分類

即使團隊盡力從駭客的角度檢查軟體和服務，並在設計系統時納入資安思維，仍然可能存在安全問題。有可能是人們發現有關貴公司軟體的問題，或者問題出在你直接或間接使用的軟體上。作為一項標準，組織會使用「通用漏洞揭露」（CVE）識別碼（*https://oreil.ly/UrrSp*）來追蹤公開發行軟體套件中的漏洞。

當評估發現問題的成本和潛在影響時，透過標籤（例如實作缺陷或設計不良）對問題進行分類，以提供額外的背景資訊。

實作缺陷是指在程式的開發階段中存在問題，導致系統以一種不符預期的方式運作。這些缺陷有時會造成嚴重的資安漏洞，例如心臟出血（Heartbleed）[2] 漏洞。心臟出血漏洞是 OpenSSL 的重大資安漏洞，允許惡意駭客能竊聽本應被視為安全的通訊，直接從服務和使用者那裡竊取資料，甚至假冒這些使用者和服務。

設計不良是指系統無法按照原本設計想法運作的問題，通常是由設計或規格存在瑕疵所導致。修正設計不良的代價往往很高，尤其是當系統的設計或實現方式對其他工具有所依賴時，修復成本更是所費不貲。因此，某些瑕疵由於修復的成本過於高昂，需要特別警告使用者注意其風險。

2　「The Heartbeat Bug」，Synopsis, Inc.，最近更新於 2020 年 6 月 3 日，網址為 *https://heartbleed.com*。

儘管你不希望因為優先考量發現缺陷和臭蟲而忽略其他類型的系統管理工作，但對於涉及防止系統被入侵或資安事件的工作而言，將這些進行中的工作公之於眾一樣至關重要。評估事件預防工作的效果能夠清楚表明你的意圖和工作成果，即使未發生資安事件也是如此。

透過將工作進行分類，讀者能夠更加認清恰如其分的不同類型工作。當他人能夠更清楚地看到你所完成的工作以及它與企業利潤之間的關聯性時，可以藉此更進一步建立雙方的合作關係與信任。

請參考以下實作缺陷的範例：

- MS17-010/EternalBlue
- CVE-2016-5195/Dirty COW

並參考以下設計不良的範例：

- Meltdown（*https://meltdownattack.com*）
- KRACK（WPA2 金鑰重複安裝）

總結

當談到基礎架構安全性時，指的是保護系統免受威脅的一系列措施。即使無法達到絕對的安全，但透過仔細的監控和分類方法，能夠減少系統面臨的風險。

基礎架構安全是共同的責任。倘若你的組織尚未採取相對的做法，你可以帶領建立提議的安全措施。良好制定措施的策略是思考系統會受到來自何處的攻擊、駭客發動攻擊的目的為何，以及他們可以動用哪些資源。這些考量可以提供建議的防禦方向。接著，在建立和部署系統時，可以運用機密性、完整性和可讀取性 CIA 三角模型來確認導入資安的需求。

將基礎架構安全問題進行分類可提供額外的背景資訊，協助讀者更加清楚的瞭解問題可能帶來的成本和潛在影響。例如，可以運用「實作缺陷」和「設計不良」等標籤來進行分類。實作缺陷通常是由於程式設計上的缺陷所造成，往往可以透過修補程式進行修復來解決。而設計不良則是指系統架構的問題，若要解決這些問題，需要對系統的某些部分進行徹底的重新設計，相對來說比較具有挑戰性。

第九章

文件製作

還記得那是我在職涯早期初次擔任系統管理員的工作，當時一切都感到非常新奇，我所採取的每個步驟對系統可用性和效能都顯得格外重要。然而所有從書籍所學到的例行性系統管理任務來看，都沒有明確告知何時需下達某些具有 Root 權限的指令。值得慶幸的是，有經驗的系統管理員已經形成了一種知識分享的共識。我們的文件網站是一個維基合作平台，主題源自於 Cheapass Games 卡牌遊戲「Give Me the Brain（GMTB）」（*https://oreil.ly/u2f04*）。GMTB 的基本玩法是扮演一個在快餐店工作的喪屍，只有一個大腦可供傳遞，每次只能有一位玩家「擁有大腦」。將文件與這個遊戲相互關聯，可以培養出團隊所期望的默契；尤其是讓團隊成員意識到，撰寫優良文件能夠在凌晨 2 點的疲憊狀態下，協助當事人成功地去應付各種狀況。

本章旨在協助思考如何撰寫文件，希望讀者採取最佳做法，提供品質優良、準確、可用、容易理解、有組織且易於維護的文件，因為文件是系統不可或缺的環節之一。

瞭解你的受眾

人們需要瞭解職責相關的資訊，從特定系統的「操作細節」直到於整個環境活動的「全貌」。

向人們提供相關、準確和即時的資訊，有助於有效履行他們的職責。若是個人沒有採取日常行動，可能是因為他們的資訊過時、含糊不清或不適用。如果團隊過於著重在短期執行效率而忽視長期策略，也許是回饋循環出現了問題。

在圖 9-1 中，文件作者試圖為每個人提供協助，對某個特定使用者而言，其中可能包含了無用的額外資訊。而在圖 9-2 中，文件的作者針對使用者僅在必要時提供執行任務所需的資訊。

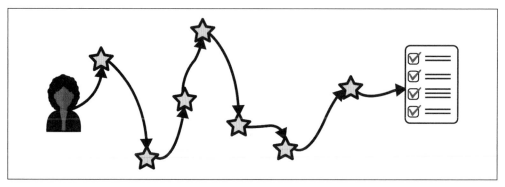

圖 9-1　含有多餘資訊的文件

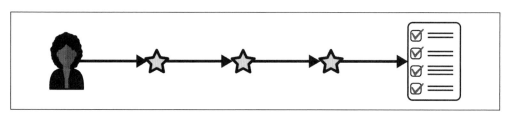

圖 9-2　針對使用者僅提供特定資訊的文件

請觀察一下這兩條路徑，以使用者為中心的路徑較短，並直接通往目標。這兩條路徑並沒有優劣之分。再次提醒，當你在撰寫文件時，請考量你的讀者及其需求。例如，考慮到需要解決特殊問題的除錯人員需求。他們需要任務導向的文件，包含非常特定的資訊，多餘的資訊反而會令人感到厭煩。這裡有幾個提示，可協助你反思並與受眾建立聯繫：

- 誰是你的讀者？
- 他們重視什麼？

- 你想讓他們知道或做什麼？

- 他們已經知道什麼？

- 他們偏好哪種消費資訊的方式？

- 你的資料如何提供自身觀點的說服力？

- 是否已經具備文件？

- 是否瞭解讀者的需求？

不同的受眾需要不同程度的詳細資訊。根據人們在學習過程所處的階段之中，其需求也會有所不同。文件的內容會帶領讀者進入旅程的下一階段，並影響他們所需的進一步文件。

假如他們擁有豐富的經驗，可能僅需簡潔明瞭的資訊；如果他們缺乏經驗或知識，可能需要更詳細、概念性的解釋以及相關的背景知識。倘若不確定讀者的需求，可以透過訪談或調查來蒐集有價值的見解和資訊。

文件的多元化

讀者可能會為自己、團隊、組織或更廣大的社群撰寫文件，並在線上（例如顯示器或行動裝置）或平面媒體上閱覽文件。你打算撰寫不同類型的文件，包括文獻記錄、概念文件、任務文件、參考指南和規劃書：

文獻紀錄

　　用於記錄決策、行動或討論的相關資訊，包括會議紀錄和決策紀錄，提供歷史資料以協助釐清過去的選擇，並為未來的決策提供參考。

概念文件

　　解釋一般性資訊，包括主題介紹。當讀者需要理解專有名詞、一般概念或抽象概念時，請使用此類型的文件。

任務文件

透過指導讀者完成特定目標的步驟流程，包括教學指引和操作手冊，提供讀者進行任務所需的步驟和細節資訊。當讀者需要知道如何完成某事或瞭解發生了何事，請使用這種文件類型。有時候可以利用這種文件來引導自動化任務。

參考指南

詳細的文件紀錄通常是以清單或表格形式呈現。參考指南的例子包括操作手冊和疑難排除手冊。當有大量資訊需要編排和進行分類時，請使用參考指南。

規劃書

提供執行大型專案的架構。這種文件類型通常包括專案的範圍或目標，提供必要的背景資訊、計畫、時間估算和和支援計畫所需的任何資源。與團隊其他成員共同檢視專案規劃，有助於發現潛在問題與需要進一步完善的地方。

最後，有效的文件紀錄經常整合多人協作的經驗和知識。協作需要對目標擁有共同的理解和格式指引，確保一致的寫作風格，以及一套必要遵循的程序。

建立和共享範本可令個人能夠快速製作符合預期風格所需的指南文件。

組織實務

實務上，資訊架構是將你的資訊以結構化的形式組織起來。一個優質的資訊架構可支援以下幾點：

資訊重複利用

可利用不同的方式重複使用文件，以包容性來滿足多元化需求、不同知識水平和人們學習的方式。

異動控管

你可以新增、更新、版本控制和淘汰文件。

文件管理

　　文件具有明確的角色和責任，能夠激發參與者參與其中，並確立其所有權。

相互連結

　　文件可以展示不同主題之間的連結。

編排主題

編排主題時，標題應具有清晰明確的內容，但不應該過於一般化。你可以使用大量標題和子標題將資訊組織成各個部分。撰寫完內容後，請檢查標題的流暢度，讓讀者可以從標題所建立的目錄中理解主題。最後是先寫主題內容，再寫引言和結論，因為主題的內容可能會與最初思考該主題的方向有所不同。

主題的生命週期需要有文件記錄並且明確定義，以實現異動控管並為文件管理提供框架。圖 9-3 展示一個文件生命週期的示意圖，在研究和分析主題之後是新增（或更新現有）文件、確認資訊的正確性、將主題納入版本控制，然後再公佈該文件。對主題的回饋或系統變更會持續推動文件的生命週期，直到評估確定該文件已經過時並最終歸檔。

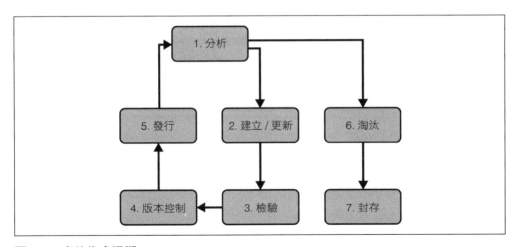

圖 9-3　文件生命週期

編排網站

在編排所有的資訊主題時，應該考慮到資訊的探索性和關聯性。網站應該反映主題的標準結構，主題安排上的一致性有助於讀者理解如何尋找相關資訊，進而減少認知負荷。

對於團隊而言，在建立知識庫時，並沒有絕對正確的方式，因為團隊文化的不同，有些團隊可能偏好將文件製作成一個單獨冗長的文件，而其他團隊則可能選擇使用多個小頁面。然而，若使用單獨冗長文件，可能需要花費時間從遠端系統下載，且讀者會因為使用不同的瀏覽器而有不同的體驗。然而，若是在一個頁面中提供文件，讀者可以快速掃描資訊，並且容易地知道是否有任何遺漏的資訊。

使用多個小頁面的優點是載入速度快，但需要搜尋和索引系統來提高資訊的搜索能力。如果找不到所需的資訊，得花費更多時間進行搜尋，或者誤以為資訊遺失。

不論團隊選擇哪一種方式，都要維持一致性，讓團隊知道文件的內容，並曉得何時可以請求協助或提供文件。

撰寫優質文件的建議

你已經認同優質文件的重要性，但感覺人們沒有在閱讀或參與文件的編撰。與其假設人們沒有閱讀文件，不如考量以下問題：

- 你是否給予他們足夠的時間閱讀文件？
- 是否使用未定義的用詞？
- 資訊是否過於模糊？
- 資訊是否過於分散？

不要一昧地聚焦於人們是否已建立或更新文件，請反思以下幾點：

- 是否給予他們足夠時間撰寫文件？
- 是否有必要撰寫文件？
- 是否給予他們充足的時間編排文件？

- 人們是否知道受眾是誰或他們的需求？

- 工具能否支援在現有的工作流程撰寫文件？

接下來，請評估你的文件是否具備以下品質，以確認可進一步完善之處：

準確性

準確的文件應該包含最新、完整、正確的資訊，並提供讀者完成任務所需的內容，這能夠提升工作完成率並減少出錯的風險。

可讀取性

可存取的文件應該能夠在需要時方便地進行存取。因此，建議事先列印相關的緊急應變手冊，以應對可能發生的網路或停電問題，確保系統可以及時恢復正常運作。

易讀性

容易閱讀的文件應符合讀者的需求，採用多元化的包容性方式來撰寫，以適應不同程度的受眾之知識水平，通常需要使用多種方式來表達同樣的資訊內容。

組織性

編排良好的文件能讓讀者輕鬆找到所需的文件。

可維護性

維護性佳的文件能夠有效地支援作者進行文件的新增、更新和刪除。將文件儲存在版本控制系統中，可提供異動控管和責任歸屬，同時也能善用組織已具備的相同工作流程。

請定期檢視文件來衡量文件的品質是否符合這些特性。制定文件管理的規範，使其成為團隊例行工作的一部分。

總結

有效的文件管理需要瞭解受眾，瞭解文件的不同類型（例如線上或平面媒體、概念文件、任務文件和參考指南），並為資訊重複利用、異動控管、文件管制和相互連結編排文件。

在下一章裡，我將延伸本章的一些概念，探討如何簡化資訊並以不同的格式來呈現。

更多資源

在《**Docs for Developers: An Engineer's Field Guide to Technical Writing**》（Apress 出版）一書中，Jared Bhatti 等人詳細介紹了文件生命週期各個階段，儘管此書專注於軟體開發領域，但其中的內容同樣適用於系統管理員在系統管理方面的要求。

在《**Living Documentation: Continuous Knowledge Sharing by Design**》（Addison-Wesley 出版）一書中，Cyrille Martraire 提出了文獻 2.0 的概念，並解釋如何利用精心設計的創意和自動化工具來改善文件撰寫的技巧。

第十章

呈現方式

人們可透過記事這種基本的方式來整理和理解資訊，並賦予資料結構和目的，使之更容易理解和記憶。優秀的系統管理者會意識到敘事能力佳的重要性，並運用不同於文字的形式，如圖像、照片、圖表、音效和影片等方式來有效地分享訊息。當指導公司內其他系統管理員嘗試推動變革時，我會分享一些有關資料編排和呈現方式的重要概念。

展示相同的資料給五位聰明人，他們可能會有十種以上的解讀方式。因此，如果想要讓其他人得出相同的結論，就需要努力塑造扣人心弦的情節過程。本章將協助讀者學習如何萃取資訊並以具吸引力的方式來呈現，能夠闡述必要的情節並影響人們的觀點，而不受權責上的限制。

瞭解你的受眾

當你在準備和展示資訊時，就像撰寫文件一樣，需要評估你的讀者以提供客製化且具體的視覺化效果。

在電影中，主角經常可以使用單一查詢或資訊主頁來確定下一個正確步驟，該資訊主頁整合了所有必要的資訊。這樣的數位化的資訊顯示可以讓他們有正確的脈絡能快速地做出決策。

在現實世界中，儘管管理層可能會要求你提供一個「單一視窗」的資訊主頁，以整合和管理複雜系統的所有內容來支援所有決策；但所有資料皆以單一視圖顯示，也不可能完全呈現。當然，讀者可以將所有可能的選項放入同一個控制台中，但認知負荷過重會影響你存取必要資訊和即時資訊的效率。

 假使主管要求提供一個「單一視窗」，請弄清楚他們試圖回答什麼問題或解決什麼問題，並為他們提供相對的視覺化資訊。你可以為每個人提供客製化的資訊主頁，並提供特定內容的資訊主頁。

當需要爭取聽眾的注意力時，請確認資料能夠支撐你的結論，請參閱第 9 章的受眾提示。沒有一種圖形或資訊主頁可以將資訊整合成每個人都適用的形式。因此針對每位受眾的需求，只能客製化圖形和資訊主頁。

我曾經參加過一場會議，同事試圖傳達一項新專案的重要性。他直接從投影片上以口述方式描繪了繁瑣的維護工作，這些工作可以節省不少經費。然而他測量的大量資料並沒有減少我對這些工作的厭倦，也沒有讓我很想參與實現專案目標的動力。還不清楚為什麼這會成為團隊的最高優先事項，也不清楚我們是否有合適的工具來減少這些繁雜的業務。

別埋藏了主旨

當你需要協助時，請告知對方你需要尋求何種資源，讓他們在聽取你的陳述時具備必要的背景知識。例如，系統管理員兼作家 Thomas Limoncelli（*https://oreil.ly/UcJF8*）提供了以下一些簡介範例：

- 我來這裡是為了尋求資金〔資源或金錢〕
- 我來這裡是為了要求政策決策
- 我來這裡是為了請求建議〔關於如何做某事或與誰交談〕
- 我來這裡是為了提供進度更新

管理階層負責多方股東和繁忙的日程安排，且只能透過提供資源、澄清政策，或是介紹不同的資源等方式來掌握控制結果的機會。

正確傳遞的資訊並不一定只講述事實就可以，這讓我想到馬克吐溫的一句名言：「往往傳達錯誤資訊的最佳方式就是講述純粹的事實」。要激發他人採取行動，僅提供冷冰冰的事實是不夠的；你必須說明這些事實為何具有說服力，以及它們如何與更大的目標相關聯，進而創造情感聯繫，讓人們願意投入支持你的事業。

如圖 10-1 左側所示，如果螢幕上有大量資料，觀眾可能會閱讀這些內容，但也有可能會感到無聊或缺乏興趣。而右側的圖表，如果將資料轉化為圖表，則更容易激發同事的熱誠和動機，促使他們迅速採取你所需要的行動。

圖 10-1　呈現風格（圖像作者 Tomomi Imura）

如果你為技術總監設定高層次的績效指標，他們更有可能為你的規劃提供資金支援。不要令他們被所有的細節和瑣碎事務所煩擾。

有時候，無論如何修改訊息，都無法實現你所追求的變革。這種缺乏行動的情況表明人們沒有花時間反思他們的工作如何與組織的目標保持一致，或者是由於環境缺乏互動所造成的系統性問題。

在這種情況下，你可以考慮放手。不斷追求一個無法實現的結果只會加重潛在的倦怠感。也許等待一段時間，系統會發生變化，你就能夠實現最初設定的目標。

選擇你的溝通管道

在反思有關讀者的問題之後，請思考希望他們採取什麼樣的行動，然後根據你的目標和訊息類型，來決定口頭或書面溝通哪種方式最為合適。

口頭溝通主要在當面即時進行，使你能夠同時傳達情感和事實。當你需要傳達情感或敏感的訴求，或者需要立即回饋時，採取口頭溝通是最值得的選擇。

演講技巧建議

透過公開演講呈現資訊的次數越多，臨場表現就會越好。除了不斷練習之外，以下是我多年來學到的一些技巧，或許能幫助你提升演講能力：

呼吸

當你感到緊張，特別是在演講時，可能會發現自己呼吸加快或屏住呼吸。這樣的呼吸變化可能會影響你的演講節奏和表達方式，從而影響人們對你所表達內容的理解程度。為瞭解決這個問題，可以在演講稿中添加提示，提醒自己保持正常的呼吸，並在適當的時候利用明確的停頓來強調重點或引起觀眾笑場，以配合演講內容。

詞彙選擇

演講需要聽起來像是一場對話，使用清晰而自然的詞彙，尤其在技術性的演講中更為重要。演講前後文及聽眾的經驗和知識水平，將影響他們對你說話內容的解讀和理解。避免使用行業術語和縮寫詞，並確保觀眾理解你使用的任何技術用詞。如果有需要，請花點時間解釋任何可能不熟悉的概念，確保演講更易於為人所理解並讓聽眾受益。

語調

調節你的音調，創造不同的抑揚頓挫，激發聽眾對演講內容的熱情。可以在不同的詞彙上進行練習，觀察它如何改變言詞的表達方式。當你找到適合的語調時，將其記錄下來並應用到往後的演講。

節奏

演講的適當節奏因聽眾而異。一般而言，對於簡單明瞭的主題，加快節奏是可以接受的；而對於更複雜的主題應該放慢節奏。當面對的聽

眾囊括新手與專家時，你可能會陷入期望取得平衡的中間帶，這是一個讓人頗為困擾的情況。新手可能覺得你講得太快，而專家則可能覺得你講得太慢。在這種情況下，演講必須謹慎思考並保持一貫的表達方式，以滿足至少一半的觀眾期望。

真實性

讓表情與言辭兩相符合，肢體語言和表情也能傳達訊息。例如，微笑可以為演講主題帶來能量和參與感。然而，如果你的言辭和舉止不一致，觀眾會覺得有股違和感，內心會認為你虛偽不實。舉個例子，當有人以呆板和漠不關心的語氣表達：「我很高興地想與大家分享」，你會相信他嗎？

場景

最後，現場演講和網路演講有很大的不同之處。在現場演講時，你可以與觀眾建立一種能量互動循環，從中感受觀眾對演說內容的回應，獲得動力並進一步做出反應。但是在鏡頭前進行演講時，反而可能會感到精力透支。你可以透過建立虛擬觀眾來創造出一種互動感，提升在攝影機前演講的能力。例如在旁邊建立一個具有虛擬觀眾的頻道，將目光轉向這些觀眾，而不僅僅只是全程盯著攝影機。

在許多情況下，書面溝通是非同步進行的。例如透過提案、設計文件、程式碼或評論。然而某些通訊方式，例如線上聊天和即時訊息，可以是即時或非同步的溝通。當你希望專注於事實或需要思考一段時間後再回覆，且對於獲得回應的迫切性需求較低時，書面交流是一個較佳的選擇。不過，對於較為複雜的訊息，可能需要書面交流搭配言語溝通，這樣的組合更具意義且更有效率。

書面交流和口頭溝通這兩種方式，均可透過視覺化效果來強化使用文字的表達效果。這些視覺化方式包括圖表、圖像、影片等，它們能夠有效地補充文字的不足之處，使訊息更加生動有趣，並提供更豐富的內容呈現方式。根據所分享的資訊類型和你想要傳達的內容，選擇適合的視覺化方式能夠更完善地傳達你的訊息，讓觀眾更易於理解和吸收。不論何種溝通方式，都需要花費時間和努力來達到最佳的效果。

選擇適合的敘事類型

你可以運用敘事的方式來回顧過去、解釋事件的發生並提供未來的方向。每種講述類型都以稍微不同的方式呈現資訊，選擇一種扣人心弦的描述來呈現資訊，能夠引導讀者對你產生期望的反應。以下是一些範例的敘事類型：

資訊片段

　　資訊片段將資料濃縮成令人感興趣的資訊要點，突顯最常見的趨勢或例外的特殊情況。一場令人振奮的演說可能會激發觀眾對其他資料的研究興趣。譬如，展示使用特定技術的社群成員總數或網站的獨立訪客數量；行銷部門經常在網站統計資訊主頁或產品通訊中使用資訊片段，以展示網站統計數據或產品相關資訊。

互動性

　　互動性展示不同資料集之間的關係。當資料集之間存在正相關時，它們會同時向同一方向移動：當一個資料集上升或下降時，另一個資料集也會朝相同的方向移動。負相關的資料集則是相反，當一個資料集上升時，另一個資料集則下降。確定正相關或負相關是有幫助的，但並不能完全解釋資料集之間的移動原因。此外，需要注意的是，相關性可能是偶然的巧合，並非存在必然的關聯。一個有說服力的描述能夠展示不同資料集之間的相關性，並建立資料之間有意義的關聯[1]。

　　譬如，你可以呈現端到端請求的延遲時間和 MySQL 查詢時間的圖表，以更深入地觀察效能是否與工作負載有關，或者端到端延遲的增加是否起因於資料庫設定問題而形成效能瓶頸。

變遷

　　變遷是描述某個事物隨著時間變化的方式，藉此讓人更清楚地理解演變過程。例如，在容量管理和問題偵測中，可以運用變遷的概念，以圖表展示目前已使用容量隨著時間逐漸接近總設定容量的成長趨勢。此外，還可以透過觀察速度（從一個時間點到另一個時間點的變化）和加速度（線段之間的斜率）來呈現情況的緩急程度，以說明規劃或增加容量的急迫性。

1　請參考哈佛商業評論的「Beware Spurious Correlations（警惕虛假相關性）」（*https://oreil.ly/qU688*），該文詳細介紹了為什麼你需要小心處理相關性的原因。

對照

對照敘事是一種展示不同資料內容所帶來的影響方式。比如，你可以針對服務供應商提供的代管關聯式資料庫與自行管理的 MySQL 資料庫，使用對照表來展示兩者之間的各種效能差異。這份對照表可以匯整重要的指標，涵蓋成本（包括內部支援成本）、效能、可擴充性和可靠性等各方面的評比。

個人化

個人化敘事與個人的真實經歷相連結。例如展示一份事件摘要，將技術問題與個人經驗並依照他們的理解所做的選擇相結合，以提供更具情境的描述。

敘事的表達藝術

我想分享一些曾在職業生涯中值得向團隊展示資料的幾個案例。在第一個案例，我分享了一個視覺化圖表向團隊提供資訊，並改變對我們工作的刻板印象。在第二個案例，我向不同觀眾提供各其所需的資料。

案例一：一圖勝過千言萬語

那是令人害怕的季度規劃會議，團隊會在這個時候考核前一季的成果並承接下一季的專案。我是這個團隊的新成員，對於會議沒有太多期望。我的同事們表示他們感到沮喪，因為「他們從沒有足夠時間專心於團隊專案來解決技術瓶頸，因為總是被客戶的干擾所中斷」。

我加入這個團隊未公開的一個原因，是聽說在工作排程的曝光度方面存在某些挑戰，而且請求往往會在無任何通知的情況下被耽誤或無法完成。主管明確要求我帶來卓越的工程規劃與執行力，以改善團隊的現況。

在開完規劃會議之後，我開始思考應該蒐集哪些與目標相關的資料，並與團隊合作將工作依照客戶的需求和維運負債進行分類。我撰寫了一些 Perl 程式碼來查詢內部錯誤的 API，並根據請求的分類建立了幾款不同的資訊主頁，將正在執行的工作視覺化。在下一次的會議上，我展示了圖 10-2 中的圖像，顯示與假設相反，主要著重於我們所選擇的工作，而非受到客戶的干擾或要求。

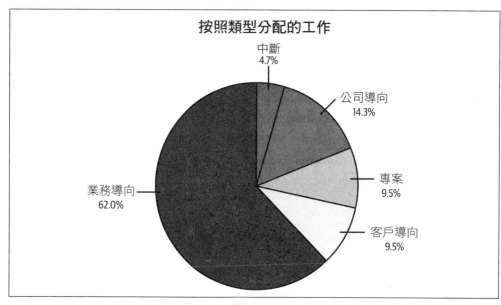

圖 10-2　根據關聯性分類標示的季度工作成果

我原本可以撰寫一份報告，但這個簡明的圖表讓人容易理解，再加上能夠存取底層資料，它對於我們團隊在工作優先順序上的改變產生了影響，並進一步改善客戶對於工作進展的曝光度。

案例二：向不同的觀眾傳達相同的資訊

在這個案例中，重要的是要考慮到專案的情境以及所傳遞資訊的受眾目標。當處理資料分析和呈現結果時，需要思考的是要將資訊傳遞給誰，以及如何以適當的方式呈現資料，包括所使用的語言。圖 10-3 呈現了這個視覺化的概念。注意，你的團隊和組織可能具有獨一無二的特點。

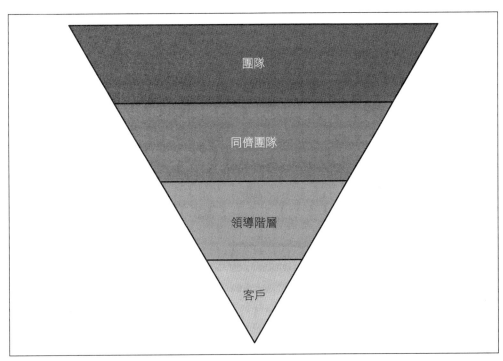

圖 10-3　以不同受眾為溝通對象時，使用視覺化方式來呈現共同語言；切片越大，表示共享的訊息越多

讓我們來檢視圖 10-3 中的各層級：

- 團隊是整個結構中最大的層級，擁有豐富的共享語言和背景知識。他們緊密合作，分享工具和流程，甚至可能擁有團隊獨特的俚語或特定用語，這些術語在系統中具有特殊的意義。當他們管理系統時，能夠獲得所有相關的資訊。這些改善能夠有效地提升個人在應付緊急支援或操作生產系統時的工作流程。

- 同儕團隊會使用一些共同術語，建立共享的環境並瞭解彼此的期望。在某些情況下，透過討論用詞，也許會發現關切之事存在著錯誤的假設。

- 領導階層可能對術語有一定的背景知識，但隨著他們掌管的責任範圍不斷擴大，也許需要更多的名詞解釋來建立適當的語境和風險水平。

- 最後，客戶之間可能會共享一些共同語言，但與所有客戶解釋名詞可能相對具有難處。與客戶間的溝通需要更加謹慎和細心，以確保正確傳達訊息並設定合適的期望值。

因此，當你向不同的觀眾呈現資訊時，請根據他們的需求適時提供適當的資訊水平。單一的資訊主頁或一系列視覺化呈現的資訊可能過於廣泛，無法滿足不同受眾的特定需求。

現在讓我分享一個來自個人經歷的往事。首先，領導高層宣布關閉幾個主機共用機房（colos）以降低成本。這代表我們需要將資料遷移到最近的地區，並盡量減少對客戶的延遲和可用性方面的影響。對於團隊而言帶來了一些挑戰，我們需要思考如何在日常活動（例如軟體升級和硬體維護）以及客戶活動（例如新客戶的引導和增加容量）方面採取相對措施來降低影響。其中需要遷移的部分資料是客戶的資料。我們提供了一個多租戶的 NoSQL 資料庫，管理多個資料表，讓客戶專注於他們的應用程式。因此，我們還需思考如何盡可能地減少對客戶資料的影響。

根據每個主機共用機房的不同時間軸，我整合了每位客戶的資料和最佳設定，以盡其所能降低延遲時間對系統的影響，同時也兼顧新項目和系統整體的容量限制。我制定一個平衡執行速度、效能和系統容量的遷移計畫。接著，再利用 Perl 撰寫一些程式來查詢不同的服務 API，並利用 *D3.js* 函式庫的 JavaScript 來建立圖表。

對於每個需要進行地區遷移的客戶資料表執行以下步驟：

1. 發出資料表複製指令。
2. 監控資料表複製進度。
3. 檢驗資料表複製完成。

當時無法同時進行多個資料表的複製和其他管理活動。

對於每個地區需要執行以下步驟：

1. 等待所有客戶將其服務遷移到新的終端，以減少延遲問題。
2. 更新資料表設定以刪除該地區的資料表。

3. 關閉該地區所有的伺服器。

4. 通知維運團隊關閉並停用伺服器。

團隊資訊主頁

圖 10-4 顯示團隊資訊主頁的呈現。該表格包含按優先順序排列的任務清單，其中包括地區、進行中的工作（P）、未受影響的地區和已完成的工作（C）。這些資訊讓維運團隊能夠快速找出是否需要停止一項任務或等待直至工作完成，以滿足客戶對特定資料表的更改需求。

	地區 1	地區 2	地區 3	地區 4	地區 5	地區 6
任務 1	C	C	C	C	C	C
任務 2	-	C	-	P	C	C
任務 3	C	C	C	C	P	C
任務 4	C	-	-	C	C	P

圖 10-4　團隊間共享的工作計畫、工作地點和工作狀態的相關內容

透過查看表格的每一列，任何一位網站可靠性工程師（SRE）可以快速瞭解哪些地區的資料遷移工作已經完成，哪些地區有進行中的工作。對於正在進行工作的所在地區，我們知道何時需特別謹慎進行升級，可以暫停資料遷移或將客戶流量重新導向到下一處機房，減少中斷的影響。

最後，在最小的協調下，團隊可以對已完成資料遷移的地區進行相對的升級工作，包括運算和資料表部署。當所有客戶完成遷移工作時，最終可以取消設備並要求 SiteOps 關閉設備。

主管資訊主頁

主管資訊主頁的外觀類似於圖 10-5 所示。他們不需要知道每個具體任務的細節，只需知道正在執行的工作、是否受阻以及是否能按時完成工作。

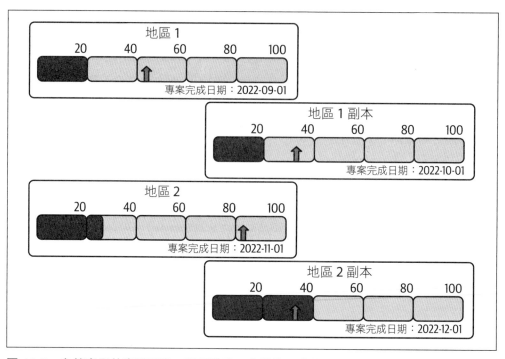

圖 10-5　主管專用的資訊圖表，顯示計畫工作狀態、當前工作狀態和預測工作狀態

這個資訊主頁顯示了每個地區和副本的儀表指標，呈現每個機房工作進度的全貌。這些圖表每天根據已完成的工作進度進行更新。例如透過資訊主頁，管理層能夠迅速瞭解到有三個地區的工作進度符合預定時間；其中一個地區則出現了超時情況，他們可以向團隊提出關鍵問題，並提供最新資訊給利益相關者。

由於這是一個長期進行的專案，資訊主頁提供了管理層所需的資訊，以重新安排工作優先順序並指派額外的中斷性工作，因為他們能夠立即看到對專案進度的影響。

客戶資訊主頁

最後，在圖 10-6 中，客戶資訊主頁向客戶提供關於資料表的相關資訊，包括計畫進度、預計完成日期以及資料表可用與不可用的情況。

	地區 1	地區 2	地區 3	地區 4	地區 5
資料表 1	可供使用	可供使用	5 月1 日	5 月15 日	可供使用
資料表 2			可供使用	可供使用	
資料表 3	可供使用	可供使用	5 月15 日	可供使用	
資料表 4	可供使用	可供使用	可供使用	可供使用	

圖 10-6　簡化的客戶自訂檢視界面

值得注意的是，客戶無須瞭解區域副本的細節。這些副本的目的是在同一個機房內進行低延遲的備份。然而管理層對這個細節非常關注，因為它影響著他們是否能夠如期完成機房內服務的成功指標。

每位客戶不需要與我們聯絡有關資料表的更新。相對的，他們可以在準備就緒時主動進行遷移，以符合自己的時間表，並確保將服務部署在正確的地區，以避免增加請求的延遲時間。

在完成資料表的所有工作後，我們會向客戶發送電子郵件摘要。透過更新的視覺化工具，他們可以優先處理機房遷移的工作。

重點摘要

這些不同的視覺化方式大幅減少了對支援和狀態請求的需求，使團隊成員能夠更專注於工作上。根據受眾的需求來調整你的訊息，並非每個人都需要所有蒐集的資料。把訊息的焦點放在對個人來說至關重要的資訊上；告知受眾哪些資料尚不完整，以及他們可以從所蒐集的資訊中獲得什麼樣的見解。

瞭解你的視覺化圖表

> 一張圖片最具價值之處，在於它能令我們察覺到從未預料的事物。
>
> 　—約翰・W・圖基

在之前的兩個情境中，我展示了一些視覺化資料的方法。然而還有許多其他的視覺化選項可供選擇，將資料轉化為引人注目的表達方式。同時，讀者也可以運用設計原則來協助受眾看到你想要傳達的訊息。

視覺提示

視覺提示是一種可協助我們呈現出他人可理解的資訊，毋需有意識地思考。其中包括四種基本的視覺提示元素：顏色、形狀、動態和空間位置：

顏色

透過改變色調可以暗示兩個指標之間的關係或時間點的變化，藉由改變飽和度來表示數量或強度；亦可以調整顏色的色溫，即色彩所傳達的溫暖或寒冷感受，以吸引人們的注意力。加強在前景中溫暖的顏色，而較冷的顏色在背景做淡化處理。可以使用色彩來顯示重要的資料點，但不要只依賴顏色作為資料的唯一表達方式。

形狀

你可以改變長度、寬度、方向、大小和形狀。例如增加大小或利用空間來強調其重要性。

動態

重點目標的閃爍和運動可以吸引特定區域的目光，但同時也可能分散注意力或造成困擾。這時可以透過其他視覺特徵暗示物體的運動，不需要直接使用動態效果。

空間位置

利用二維的空間位置和空間分組可以有效傳達資訊。

有的時候，假如視覺提示誤導或阻礙觀眾對視覺化的正確解讀，那麼這些提示就不合適。舉例來說，若是分類資料的大小差異不具任何重要性，就不應使用不同大小的圓圈來表示。

 請參考 Robin Williams 所著的 The Non-Designer's Design 一書（Peachpit 出版），可深入瞭解更多有關設計原則的內容。

圖表類型

不要只會以折線圖或堅持使用圓餅圖來呈現資料,請根據資料特性選擇合適的圖表類型。

資料表

資料表的資料是以行和列的形式排列。資料表是一項重要的工具,具有以下用途:

計畫

你可以將提案的需求清單逐項列出,對季度專案進行集思廣益,並對每個確定的要素做詳細說明,如提案人或時間長度。

文件

例如可用於列舉選項或提供不同工具和服務之間的比較。

定義

資料表可作為策略導向的快速定期檢閱工具。如列舉網站的熱門頁面或來源出處。

探索

對大型資料集進行篩選、展示資料並進一步深入個別查詢。

為了避免資料表呈現大量資料時顯得過於繁複,建議在使用資料表時搭配其他視覺化方法,以突顯原始資料表中數據的趨勢、異常值和不同的模式。

表 10-1 中採用表格格式來比較 Amazon DynamoDB 的即時需求傳輸量和預留傳輸量限制。這種格式的選擇適用於此情境,因為資料量較少且差異明顯可辨。

表 10-1　Amazon DynamoDB 傳輸量限制的表格格式 [a]

	即時需求	預留
每個資料表	讀取請求單位為 40K，寫入請求單位為 40K	讀取請求單位為 40K，寫入請求單位為 40K
每個帳號	不適用	讀取請求單位為 80K，寫入請求單位為 80K
任何資料表或全域次要索引的最低傳輸量	不適用	一個讀取容量單位和一個寫入容量單位

a　一份名為「Amazon DynamoDB 中的服務、帳戶和資料表配額」的文件（*https://oreil.ly/M2cjV*），由 Amazon 於 2020 年 12 月 15 日最後修改。

在圖 10-7 中，使用來自 Honeycomb Play with Live Rubygems.org（*https://oreil.ly/hmGNE*）的一部分資料節錄，該表格格式透過視覺提示來指向資料表內的原始事件日誌。表格列之間呈交替的背景色，使資料表更易於閱讀。

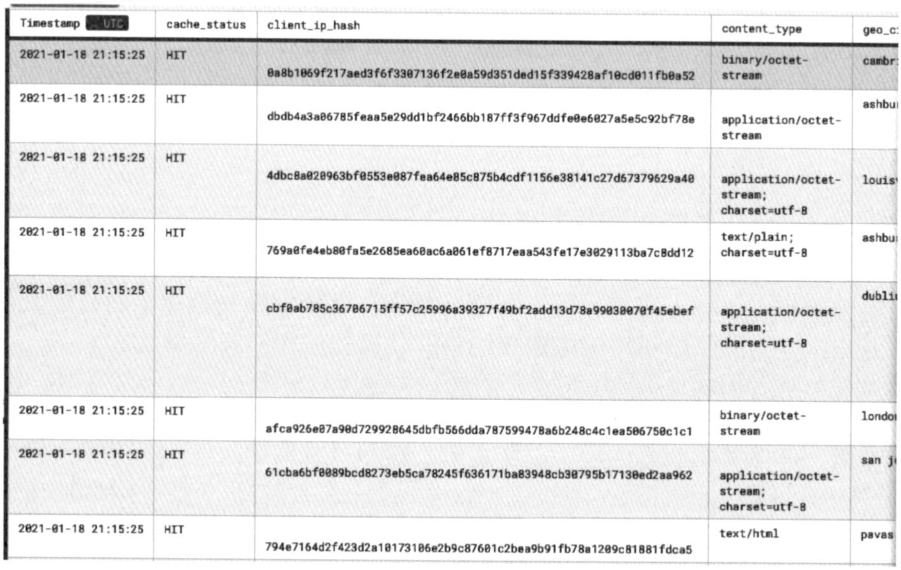

Timestamp UTC	cache_status	client_ip_hash	content_type	geo_c
2021-01-18 21:15:25	HIT	0a8b1069f217aed3f6f3307136f2e0a59d351ded15f339428af10cd011fb0a52	binary/octet-stream	cambr
2021-01-18 21:15:25	HIT	dbdb4a3a06785feaa5e29dd1bf2466bb187ff3f967ddfe0e6027a5e5c92bf78e	application/octet-stream	ashbu
2021-01-18 21:15:25	HIT	4dbc8a020963bf0553e087fea64e85c875b4cdf1156e38141c27d67379629a40	application/octet-stream; charset=utf-8	louis
2021-01-18 21:15:25	HIT	769a0fe4eb80fa5e2685ea60ac6a061ef8717eaa543fe17e3029113ba7c8dd12	text/plain; charset=utf-8	ashbu
2021-01-18 21:15:25	HIT	cbf0ab785c36706715ff57c25996a39327f49bf2add13d78a99030070f45ebef	application/octet-stream; charset=utf-8	dubli
2021-01-18 21:15:25	HIT	afca926e07a90d729928645dbfb566dda787599478a6b248c4c1ea506750c1c1	binary/octet-stream	londo
2021-01-18 21:15:25	HIT	61cba6bf0089bcd8273eb5ca78245f636171ba83948cb30795b17130ed2aa962	application/octet-stream; charset=utf-8	san j
2021-01-18 21:15:25	HIT	794e7164d2f423d2a10173106e2b9c87601c2bea9b91fb78a1209c81881fdca5	text/html	pavas

圖 10-7　Rubygems.org 的原始資料以資料表格式呈現 [2]

2　「Honeycomb's Play with Live Rubygems.org」Honeycomb（*https://honeycomb.io*）。

長條圖

在需要比較多於兩到三個類別的數值化資料時,長條圖提供了便利性。複合長條圖進一步以視覺化展現類別內元素比例對每一個長條的整體影響。長條圖通常以垂直方式呈現,尤其適合表示時間序列資料;但在類別名稱較長時,水平方向的顯示效果也許更佳。

例如使用長條圖來視覺化橫跨多間機房的系統稽核,以瞭解正在運作的老舊作業系統節點數量。長條圖的其他用途包括顯示目錄、磁碟分割區或伺服器列表的磁碟佔用率,以協助說明儲存容量的使用情況。

折線圖

折線圖常用於繪製數值的變化,展示隨著時間變化的模式或兩個變數之間的關係。透過在圖表上添加線條,可以有效展示不同資料系列之間的變化趨勢。折線圖特別適合根據時間所描述的走勢,用以突顯比較不同資料系列之間的差異。

通常,垂直軸用來表示資料集中某個屬性的統計資料,例如次數、總和或平均值。水平軸則使用連續的區間,例如時間。

圖 10-8 是來自 Honeycomb live Rubygems.org data playground(*https://oreil.ly/AzouI*)的另一個範例。該折線圖顯示次數,而表格則提供了圖示,以及隨著時間的快取命中、未命中、錯誤和通過的總數。

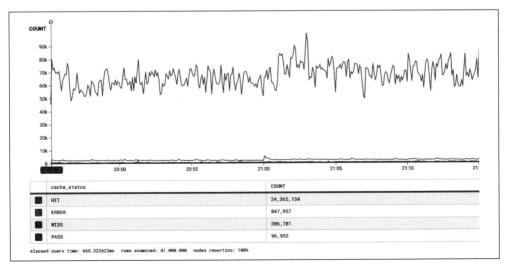

圖 10-8 顯示 Rubygems.org 結果的折線圖

區域圖

區域圖是基於折線圖的一種圖表類型，用於呈現隨著時間而變化的數值資料。堆疊區域圖則展現了整體各組成部分或資料集的累計值。

熱度圖

熱度圖利用色調或顏色的變化展示資料的模式。在使用這類圖表時，其中一個挑戰是確保所使用的配色易於辨識，並且不會產生不自然的漸變效果。當資料中沒有明顯的模式時，熱度圖可能會造成理解上的困難。

火焰圖

火焰圖是一種用於視覺化分析軟體效能並協助排除資源耗盡問題的方法。

樹狀圖

樹狀圖是一種使用不同大小的矩形塊來表示比例的圖表形式，實際上它們是二維的複合長條圖。樹狀圖主要功能在於展示一個總值由許多較小元素所組成的方式。此外，矩形塊可以透過顏色編碼來進一步傳達額外資訊。

額外資源：圖表視覺化

如果讀者想深入瞭解資訊視覺化，可以參考 Edward Tufte 的系列叢書「*The Visual Display of Quantitative Information*、*Envisioning Information*、*Visual Explanations* 和 *Beautiful Evidence*（*https://oreil.ly/YgGks*）（Graphics Press）」。

關於其他圖表的更多資訊，可參考 AnyChart 的「*Chart Type: Chartopedia*」（*https://oreil.ly/S7dVS*）。

如果想瞭解更多關於火焰圖（Flame graphs）的資訊，可參考火焰圖的發明者、系統效能領域專家 Brendan Gregg 的網站（*https://oreil.ly/tHfqS*）。

推薦的資料視覺化方法

在呈現資訊時，你可以掌握敘述權並提供解讀資料的方式。現代工具讓我們能夠探索資料、互動、檢驗，或提供替代的敘述來說明正在發生的情況。

假設讀者負責管理一個負載平衡網頁伺服器叢集。你可以使用折線圖來顯示每台伺服器的錯誤數量統計，並以不同顏色的線條來表示。雖然多條折線可能會造成視覺上的雜亂，但可以快速顯示出錯誤類型的異常值。

此外，還能運用不同形狀的圖形來顯示每個錯誤類型的伺服器圖表。使用不同的形狀可以一目瞭然地顯示某台特定伺服器是否出現了更多的錯誤，以及這些錯誤是否與特定類型的錯誤存在關聯。

在呈現視覺化資訊時應遵循以下建議的做法：

- 萃取核心要點，不僅僅依賴文字，而是選擇適當的視覺化方式來支持核心要點。

- 在包含多個圖表的資訊主頁和單一圖表內使用一致的顏色。顏色能夠引導注意力，而對於支援性或較不重要的資料，可以降低飽和度。限制所使用的顏色數量，即使以灰階方式呈現，圖表也應該易於理解。

- 圖表應該擁有標記的座標軸和圖示，同時避免在圖表中重複提供相同的資訊。假設已經使用帶有標記類別的長條圖，則不再需要圖示。

- 包含資料來源的引用。假如圖表出現異常，人們可以查看資料來源以進行查核和深入研究資料的正確性。

- 根據格式進行設計，例如講稿中避免使用過多的文字，以免難以閱讀並模糊最重要的資訊焦點。然而對於需要在凌晨 2 點接電話的 24 小時值勤的資訊主頁來說，你可能會需要更多清晰具體的步驟細節。

- 當視覺化特定資料集時，可以採用註解和突顯功能來強調重要的觀察結果。

- 建立資訊主頁時，應確保圖表能夠清楚解釋每一個發現步驟，尤其是在深夜得依賴該資訊主頁支援待命值班的情況。

請 參 閱 Nathan Yau 在 FlowingData 網 站（*https://oreil.ly/DmUGO*）分享的文章「One Dataset，Visualized 25 Ways」，其中展示了對同一組資料使用多達 25 種不同的視覺化圖表，以及這些圖表如何改變資料傳達的訊息，提供讀者對資料視覺化更多的思考和啟發。

總結

一個有效的講稿能夠向觀眾提供解讀後的資料和相關背景，讓他們能夠迅速理解並做出決策，營造一場令人心動的演說，以迎合觀眾的興趣和需求。考慮資料的性質、主要訊息以及資料解讀的表達方式，記住，敘述是有效溝通的核心。因此，在準備向同事、領導階層或客戶傳達訊息以前，請考慮以下問題：

- 你的觀眾是誰？他們關心什麼？他們需要什麼資訊？

- 資料的本質是什麼？你要呈現的是什麼樣的訊息？

- 對於特定的受眾，使用哪種格式才能最有效地傳達資訊？應該以書面、口頭、圖像還是多媒體方式展現資訊？

- 你希望觀眾所能理解的說明為何？他們需要什麼樣的背景資訊才能達到你所期望的結果？

- 觀眾需要哪些資訊來理解你的內容？有哪些資訊應該省略，只因為它們會分散觀眾的注意力？有哪些資訊應該包含，即使可能會削弱你的陳述，好讓觀眾得出你未考慮到的結論？

- 視覺化可以是傳達意義的有效方式。哪種類型的視覺效果對於傳達你所闡述的內容具有效益？

成功的講稿在於你的觀眾能夠清楚地理解訊息，並能夠迅速根據這些資訊做出決策。

組建系統

在第二篇，讀者會學到一些維護系統可靠性和永續運作的方法。在第三篇，我將著墨於如何組建系統，將第二篇各種實踐方式連同第一篇系統構成要素（如運算環境、儲存和網路）整合在一起。基礎架構的範疇廣泛且多元；採用架構程式碼來消除雪花伺服器（*https://oreil.ly/zWuZ4*）成為一種顯學。只是每個組織都有其獨特的做法，導致解決基礎架構管理問題備受挑戰，而且為了唯一的正統性出現無謂的紛爭。

我在業界闖蕩多年，聽聞各種用於管理基礎架構的工具、技術、實踐方式。其中有些經得起時間的考驗，有些則未能如此。最終必須從來源建立可重複使用且具有版本控制的架構程式碼，包括建立和設定一個持續整合和交付的流程。基礎架構自動化不但降低建立和維護環境的成本，還避免只有單獨一人掌握核心知識的風險，同時最佳化環境的測試和升級。

第十一章

腳本化基礎架構

我在第一章裡以烘焙這個實用的比喻，協助我們理解系統的概念。現在我們將使用另一個類似的比喻，因為它同樣能夠清晰地解釋系統的運作方式。餅乾是一種可口的小甜點，通常由糖、油脂和麵粉按一定比例混合而成。你可以購買現成的餅乾、從預先包裝的餅乾麵團烘焙，或者從廚房裡使用不同的食材自行製作餅乾。

同樣地，你可以在基礎架構中運用服務、購入預先封裝的資源，或從現有的資源取得所需。藉由基礎架構的腳本化（架構程式碼）以及建立必要的基礎架構祕訣，你可以解決基礎架構中可能出現的所有問題（包括流程、資源狀態或環境條件）。無論基礎架構的選擇如何，在本章裡，我將解釋所有基礎架構皆必須進行腳本化的原因，以及如何透過不同的基礎架構視角來規劃基礎架構專案。

本章將聚焦於「架構程式碼」，即用於描述基礎架構的文字語言，如 Ruby、YAML 或其他語言。到了第 12 章，我將探討基礎架構即程式碼（Infrastructure as Code）模型以及適用於讀者的架構程式碼的相關做法。

為什麼要將基礎架構腳本化？

我曾經目睹過一些組織因為總是有太多緊急且停擺的工作，無法抽出時間投入腳本化的作業；有時人們擔心自動化技術會以某種方式取代他們的工作，導致推行改革的步伐就此停滯不前。為了能夠自動管理基礎架構，你可以撰寫架構程式碼，這是一種人和機器都能共通的語言。透過架構程式碼，你能夠描述硬體、軟體和網路資源的規格，並實現資源的一致性、可重複和透明的自動化管理。

無論組織採用哪種類型的基礎架構管理自動化工具，均要達成以下幾點：

- 提升部署相同基礎架構的速度。

- 透過排除與解決人工設定和導入部署程序的錯誤，降低基礎架構風險。

- 提高組織對管理、安全性和遵循規範的能見度。

- 標準化設定、供應和部署工具。

這些成果也許無法直接獲得應有的具體商業價值，有時很難為一個架構程式碼專案爭取充足的預算或支援。在某種程度上，這是合理的：將人工作業轉換為自動化需要時間，而且還可能存在無法自動化的複雜因素。

因此，為了激勵團隊並促使與投資者達成共識，尤其是在與團隊安排的時程存在優先順序衝突的情況下，請嘗試以下方法：

- 仔細思考並記錄人工的資源供應、設定和部署程序（包括其內容、方式以及處理的任何特殊案例）。

- 選擇可圓滿結案並和你的願景相契合的小型專案。

讓我們來看看描述的願景與商業價值目標一致的幾種方式：

一致性

> 你可以統一部署和設置經過測試和文件化的系統。這與企業價值相符，因為一致性可以提高團隊的生產力和效率。

可擴充性

架構程式碼可簡化資源供應和取消供應的程序，讓你能夠輕鬆根據需求啟動和停用一批系統。這種作業方式可透過輕鬆的手動擴充和縮減規模、完全自動化的雲端管理，或是以結合二者的方式來實現，進而使系統能夠動態地應對需求的高峰和低谷，同時也賦予人們管理自動化系統操作的權限。這與商業價值相符，因為可擴充性能增加收入、增加產品差異化、降低持續維運基礎架構的成本，並提高使用者的滿意度。

授權

你可以建立不同的責任層級，讓不同的團隊在資源管理方面擁有自主權。這樣的設計可展示如何在基礎架構、安全性和應用團隊之間分派責任，同時在協商的範圍內實現自助服務並維持整體能見度。

這樣的做法符合企業價值，因為授權能夠降低部署新產品時所遭受的阻力，同時在可接受的範圍內控制支出，使維運團隊能夠審查資源的使用現況，確保各部門有效運用預算。這種自主權有助於增進營收，並於開發階段實現產品差異化。

責任歸屬

透過版本控制追蹤架構程式碼的變更，記錄系統異動的歷史並留下稽核日誌，讓每個人能夠回答自己負責系統的相關問題。這符合商業價值，因為責任歸屬可以降低維運成本，能夠停用不再使用的系統，並重新審視當初的決策以因應假設的情況發生改變，或許會有更佳的替代方案。

培養企業文化

版本控制的變更紀錄有助於新團隊成員的融入。他們可以瞭解你的工作方式並模仿相同的流程。這與商業價值一致，因為培養企業文化可以提高團隊的生產力和效率。

實驗測試

架構程式碼可以讓人們輕鬆建立測試環境，嘗試新技術，並在透過實驗後迅速將其導入生產環境。這符合商業價值，因為實驗可以增進營收並協助團隊著力於市場差異化。

當然，你對自身組織和領導階層的需求有最深刻的瞭解。基於公司和整體組織的目標，請確定專案的範圍和目的，並使其與這些目標保持一致。一旦確定了專案範圍和目的，可以運用特定的視角來規劃基礎架構，進而順利實現專案目的。

以三種視角來建立基礎架構

請思考你所管理的基礎架構，可能擁有實體設備或運算執行個體，並具備各種相關服務。每台運算實體都會有一個作業系統，也許還會有數個容器或虛擬機。網路連接不同的實體，並透過存取控制清單或原則來允許或限制通訊。現在請思考一下如何描述你的基礎架構。

在高層次上，優先以雲端進行資源供應和服務週期管理，涵蓋整個資源的生命週期，從供應到停止服務，如圖 11-1 左側所示。或者可以著重於低層次，如圖 11-1 右側所示，為單獨一個運算執行個體配上特殊的既定原則，以重複、一致且可重複利用的方式來建立機器映像。

圖 11-1　選擇處理架構程式碼的方法；所有方法均有效果（圖像作者 Tomomi Imura）

科技的進步好比一個生態系統，其中包含各種不同的環境、角色和技術。隨著新的工具應運而生，社群開始採用這些工具以滿足各自的需求，催生了合作和溝通模式的改變。同時，其他科技平台也會根據社群的需求對自身進行調整。

本書希望向讀者展示一般性的模式，協助理解科技發展的趨勢。然而，需要注意的是，書籍反映的只是某個時間點的情況。當你閱讀本書時，可能已經出現嶄新的工具、技術和實作方法。請參閱你所使用工具的具體版本文件，以獲取最新的推薦做法。

藉此觀點，在選擇工具時，請思考哪種方式最符合目前對基礎架構管理的需求。這涉及將基礎架構編碼以實現下列的目標：

- 建立機器映像

- 供應基礎架構資源

- 設定基礎架構資源

藉由集中精力於這些目標，你可以明確地選擇符合需求的最佳工具。

用於建立機器映像的程式碼

在我早期的職涯中，曾經部署並維護過許多實體系統。幸運的是，在其中一份工作上，我有一台硬碟對拷機，能夠從一顆硬碟同時拷貝到多顆硬碟，以加快部署程序。在安裝新拷貝的硬碟之後，仍然需要為每個系統更新設定，但節省了大量安裝與更新作業系統的時間。此作業程序是手動的，但比起建置實體主機、使用光碟安裝作業系統，然後在系統仍可能存在諸多漏洞的情況下進行更新要快上許多。

這種方法被稱為黃金映像檔建立模式：使用一個完美且已知良好的範本來建立更多的映像檔系統。如今的工作流程概念就是從這種方法中演變而來，其中機器映像（例如 Amazon Machine Images 或 VMware templates）扮演著標準映像檔的角色。透過機器映像可以自動化系統建置，加強作業系統的安全性以減少風險，預先安裝所需的工具，進而從更加安全且牢靠的基礎上來提供運算方面的資源。

對系統管理員而言，部署實體電腦一直是一項重要任務，但這個任務隨著時間已經發生改變；你所管理的運算基礎架構可能涵蓋實體主機、虛擬機和容器。

由於技術在許多概念上往往被重複運用，基礎架構自動化開發者傾向於重複使用術語。但當需要明確指定所使用的抽象層級時，也許會造成混淆。因此在這個解釋中，我將使用「機器」和「機器映像」這兩個用詞。值得注意的是在實務上，「機器」的含義非常廣泛，涵蓋了從實體系統、虛擬機到容器等各種形式。

請參考圖 11-2，這是一個針對伺服器的機器映像，即將執行特殊的作業系統和一組容器化的應用程式。

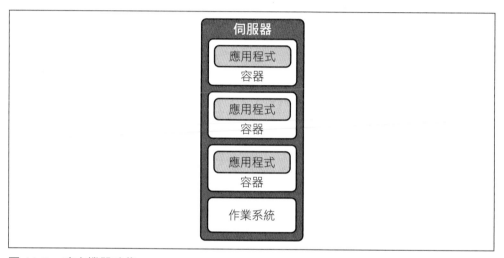

圖 11-2　建立機器映像

以下是建立機器映像的工具例子：

- Packer：用於建立跨平台的機器映像。

- EC2 Image Builder：用於建立 Amazon 的機器映像。

- Buildah：用於建立 Open Container Initiative（OCI）容器映像。

假如需要以下功能，那麼你應該需要編寫程式碼來建立機器映像：

- 確保系統具有標準且更新的基礎映像。

- 在所有系統上安裝一組常用工具或公用程式。

- 使用內部建立的映像檔，追蹤系統上每個軟體套件的來源。

用於供應基礎架構的程式碼

當供應商引進雲端架構時，能夠透過簡易的 API 快速存取複雜的基礎架構，不必進行設備的上架安裝、設定網路及以及追蹤網路佈線。取而代之的是，透過安裝供應商的軟體開發工具（SDK）和工具程式，能夠快速供應和設定所需要的基礎架構。透過基礎架構程式碼供應雲端資源，你可以：

- 依據架構決策，指定所需的虛擬機器、容器、網路和其他支援 API 的基礎架構元件。

- 將各個基礎架構元件連結成堆疊形式。

- 安裝和設定元件。

- 以堆疊形式將整個基礎架構部署為一個單位。

請參考圖 11-3，該圖描述了個別資源的供應（例如伺服器和資料庫）。

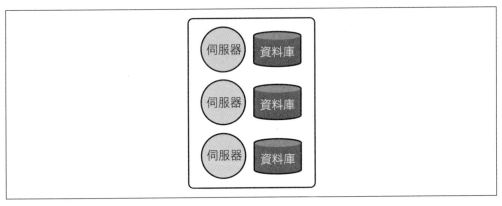

圖 11-3　資源供應

以下是供應基礎架構資源的工具例子：

- HashiCorp Terraform

- Pulumi

- AWS CloudFormation

- Azure 資源管理員

- Google 雲端部署管理員

為了順利地提供和設定基礎架構的資源，撰寫有效的架構程式碼需要豐富的知識。此外，雖然不同的雲端供應商通常提供類似的服務，但在功能上可能存在微妙的差異。若試著將不同供應商之間的功能互相對照，尤其是在架構程式碼方面，往往會令人感到挫折，因為語法和抽象層次有著極大的差異。如果你的架構橫跨多個雲端平台，使用 Pulumi 和 Terraform 這樣的框架可以帶來更多的優勢和利益，因為它們能夠更靈活地在不同平台上部署和管理基礎架構。

基礎架構程式碼將底層的「運作方式」細節抽象化，使人們能夠與這些系統共同作業，但我們不僅僅是需要掌握更多部署自動化的知識，當出現問題時（而且它們必然會發生），必須曉得如何排除與解決異常問題。

舉例來說，假設讀者撰寫基礎架構程式碼來管理郵件的 DNS 紀錄，但卻忘記了 SPF 和 DKIM 紀錄。這樣的設定疏失可能會導致你的網域無法正常向大部分供應商傳送郵件。糟糕的是，僅檢查語法是否正確並不能預防程式碼內部的操作失誤。此外，重新部署基礎架構程式碼也無法解決遺漏設定的問題。

倘若已具備或者需要以下功能，那麼你會希望撰寫程式碼來部署基礎架構：

- 系統的一部分已經部署使用架構程式碼。

- 支援多個雲端供應商。

- 部署多層次應用程式。

- 可重複使用的環境，例如測試環境，它是小型的生產環境副本。

用於設定基礎架構的程式碼

透過架構程式碼來設定基礎架構，一旦在硬體基礎架構上線之後，即可處理軟體和服務設定。請參考圖 11-4，該圖展示了如何確保作業系統和應用程式的一致性、可重複性和可靠性。

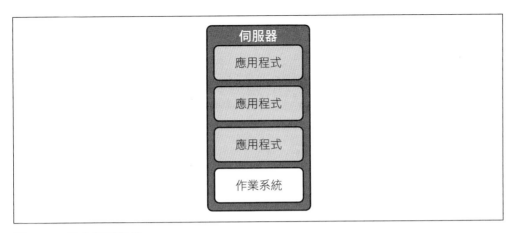

圖 11-4　設定基礎架構

以下是一些設定基礎架構資源的工具例子：

- CFEngine（*https://oreil.ly/8v4HK*）

- Puppet（*https://oreil.ly/dTIk8*）

- Chef Infra（*https://oreil.ly/n62da*）

- Salt（*https://oreil.ly/BfTSD*）

- Red Hat Ansible（*https://oreil.ly/olg8H*）

每個工具皆以稍微不同的方式實現組態管理，並運用不同的名詞來描述表示設定基礎架構的抽象部分。

若是打算執行以下操作，你可能希望撰寫程式碼來設定基礎架構：

- 管理系統內已安裝和設定的軟體

- 設定作業系統參數

- 系統重複安裝和設定

- 自動修復直接對系統所做的手動變更

開始使用

我們介紹了三種有助於縮減架構程式碼的研究範圍。根據需要管理的基礎架構，不同的工具具備不同的支援功能，可能會促使你重新考慮底層技術的選擇。

假如尚未使用架構程式碼，請評估該工具在你環境中的適用性。例如採用第 5 章〈系統管理工具〉關於選擇程式語言的決策框架，來確認適合基礎架構管理的工具。

架構程式碼平台的選擇與實作對於團隊甚至整個組織均有長遠的影響。儘管仍在使用的技術難以淘汰，但可能性依然存在。有些工具僅限使用特定供應商的工具組，也許是一個令人無法接受的折衷方案。

部署工具的選擇方式取決於是將其應用在新環境（全新部署），還是用來解決目前環境內的問題（現有部署）。在全新部署中，建議盡可能在所有相關的工作流程中廣泛運用所選的工具，以建立架構程式碼的良好使用習慣，並找出任何工作流程的問題。你可以透過更改流程和工具或重新決定專案範圍，來解決這些問題。

在現有部署中，應優先考慮工作流程，逐步應用新的工具，一次改善一個地方。例如使用 Puppet 或 Chef 管理所有 SSH 設定，然後進一步處理一台網頁伺服器的其他設定。如果自動化流程確認了合理的預設值，團隊將得到節省人力的改善成果，並很可能積極參與尋求其他自動化的可能性。另一方面，假使人們仍以人工方式設定系統，他們會認為自動化只會適得其反，試圖尋找方法繞過並避開使用自動化程序。

此外，慎選過於複雜的專案或嘗試只使用一種工具來解決所有的問題。假設你有多種平台，但主力為 Linux，那麼在試著將架構程式碼應用於多平台並支援 Windows 之前，應先集中精力於 Linux 平台。你可能會發現需要完全不同的工作流程和工具，而不是將同一種工具強行套用至所有平台來試圖解決問題。

通常，架構程式碼解決方案是以多元方式來應付基礎架構的複雜性；而具備多管齊下的解決方案往往會被接納。例如，利用 Packer 來建立機器映像，使用 Terraform 在雲端建立不變的臨時性容器，並結合 Terraform 和 Chef 來管理長期運行的資源。你可以將這些工具依照順序結合在一起，打造一個長期的解決方案。

總結

架構程式碼的目的是採取協作辦法,以一致性、可靠性和可擴充的方式來管理基礎架構。目前廣泛使用的架構程式碼工具通常著重於三種主要用途:建立機器映像、提供基礎架構資源和設定當下的基礎架構。依照這些準則,根據組織或團隊的需求、技術優劣,制定一個符合自身需求的架構程式碼之旅。

無論是受到當前環境存在問題的困擾,亦或是有機會開展一項全新的專案,其中都有很大的自由度來選擇嶄新和最佳的工具。無論何種情況,都得思考人們需要處理的相關工作流程,並找到最適合的工具。依照這些準則,就能打造出符合團隊需求、技術優劣的架構程式碼工具組。在第 12 章,我將透過探討基礎架構即程式碼和基礎架構即資料的運用方式,提出可長期管理大規模環境的深入見解和解決方案。

基礎架構管理

當代的運算環境涵蓋了各種形式的計算資源，從受管理的運算到類似 Kubernetes 容器的指揮，並結合了虛擬化的儲存與網路。正如第 11 章所討論的，讀者可以選擇多種工具，利用架構程式碼來定義這些關鍵資源。

我曾發現共有 11 種不同的主動方式來管理單一服務的設定和部署。自從有一次完成了令人提心吊膽的升級後，我嘗試獨自進行下一次升級。然而，這次的升級程序並未自動化，而是仰賴於一位開發人員私下開發的軟體套件。因此，縱使我按照詳盡的步驟清單執行了各種不同的 shell 指令，並利用了這 11 種不同方式設定系統，僅對擁有上千節點的系統一部分進行了升級，仍然導致整個系統處於不穩定的狀態。

儘管利用鉅細靡遺的步驟清單和架構程式碼，仍難以長期維持系統的管理。本章介紹了基礎架構模型，旨在改善與現代化的基礎架構管理，並提供入門建議。這些指南將協助讀者能夠解決棘手的基礎架構問題，並逐步採取更具現代化且永續的最佳做法。

基礎架構即程式碼

讓我們先從較為人知的模型開始：基礎架構即程式碼（Infrastructure as Code，IaC）。基礎架構即程式碼採用業經時間考驗的軟體開發建議方式，並將其應用於基礎架構管理，以提升品質和能見度。

IaC 是將軟體開發一系列最佳做法套用於架構程式碼的程序，
而架構程式碼則指用於描述基礎架構的程式語言，例如
Ruby、YAML 等。

隨著軟體開發的不斷進步，業界亦逐漸採納新的做法。目前的做法包括將基礎架構程式碼（infracode）儲存於版本控制儲存庫中，並進行程式碼審視、自動化測試和部署自動化：

架構程式碼

在第 11 章裡，我介紹了架構程式碼，這是一種人和機器都能共通的語言，用於描述硬體、軟體和網路資源，以便達成資源的一致性、可重複性和透明的自動化管理。

版本控制

在第 6 章裡，介紹了版本控制的基本概念；讀者可將架構程式碼儲存於版本控制儲存庫，以實現再現性、可見性（資源的變更情況及何時發生變更）和責任歸屬（是誰做了哪些變更）。

程式碼審視

將架構程式碼儲存於版本控制中非常有利，因為它能讓你瞭解究竟做過哪些更改。然而你該如何有效地匯入變更，並決定是否再三地按部就班將其導入系統？

程式碼審視是同儕檢閱程式碼的一種程序（在某些情況下，可能是在合併到版本儲存庫的主要分支之前）。程式碼審視的目標包括以下方面：

- 檢驗已實施的解決方案。

- 檢驗問題是否已被理解並獲得解決。

- 分享所要求變更內容的相關知識。

- 為程式碼的建立者或審查者提供指導的機會。

- 支援程式碼執行標準並及早發現錯誤。

最終，程式碼審視是讓你的程式碼成為團隊共同擁有的方式，也是在處理分歧的一種辦法。隨著彼此的相互學習，團隊的程式碼審視措施也會不斷進步。

自動化測試

如第 7 章所討論，測試有助於建立信心並排除對於執行變更的部分疑慮。測試架構程式碼之目的是協助讀者評估風險、迅速回應和解決問題，以及改善交付流程。

在快速部署、相依性漏洞公告和基礎架構演變的現今工作環境中，可執行的自動化測試是滿足管理需求的唯一方式。

持續整合（CI）

持續整合是將多位開發人員的工作自動合併到共享程式碼儲存庫同一分支中的做法。透過持續整合平台，團隊能夠自動化測試並在合併程式碼之前，迅速取得有關品質變更的回應。

持續部署（CD）

持續部署是指將經測試的軟體進行版本自動化部署的做法。持續部署平台使團隊能夠自動化部署，以迅速獲得客戶對新功能和改善效果的回應。

部署自動化

透過適當的測試作為確認機制，你可以設立一個建置或持續整合 / 持續交付或部署（CI/CD）流程，描述自動合併程式碼和自動建置的方法。流程中的步驟或階段將會是各階段不同的任務分組。

圖 12-1 是一個部署自動化的例子，其中有著明確階段和任務分組的建置流程。

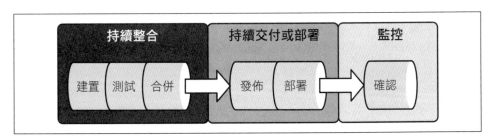

圖 12-1　建置流程的不同階段

在持續整合（CI）階段中，有三個步驟：

1. 建置（Build）

> 將專案編譯並套用提交的變更。

2. 測試（Test）

> 對專案執行腳本測試。

3. 整合（Merge）

> 將變更合併到主要分支中。

在持續部署（CD）階段中，有兩個步驟：

1. 發佈（Release）

> 將專案的一個版本發佈到專案儲存庫。

2. 測試（Test）

> 將特定的專案版本部署到實際環境，可以是升級現有系統或部署到新配置的資源。

最後，在監控階段中的最後一步：

1. 確認（Validate）

> 生產環境將根據預期成果進行檢驗。同時，最後階段的監控還會對各階段中的每個任務進行確認。

適用於無伺服器運算的應用程式在本地開發、測試和監控方面有著明顯不同的架構需求。你可以使用任何 CI 基礎架構來推動應用程式在開發生命週期各個階段中的變更。

此外，由於系統管理員不需要管理硬體，因此在不同環境之間推動應用程式更加迅速。最後，由於無伺服器化依賴於底層的雲端服務，當這些服務變更時，應用程式可能會以不同的方式運作。

實務上，你的流程應該模擬建置程序，這代表不需要這些雷同的階段。相反的，你可以依據單一專案的不同或特殊設定來建立不同的流程，根據專案的不同部分指定流程的走向。

現在在本地開發環境中編寫、檢查，並在測試程式碼之後，跟著提取請求的路徑來走（圖 12-2）。

當你提交提取的請求時，部署自動化軟體會被觸發，它會向團隊的聊天室或 Slack 頻道傳送通知，並依照你提出的修改來啟動軟體的建置程序。在此階段或測試後的某階段，團隊可能會審視程式碼，並核准或拒絕提取的請求。

自動化流程會執行單元測試並將結果傳送至 Slack。當成功建立程式碼且單元測試合格後，會自動啟動容器建置程序，進行建置、標記工作，並將容器映像上傳到儲存庫。

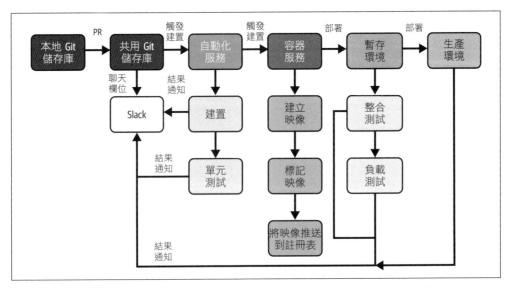

圖 12-2 一個更複雜的建置程序，包括程式碼變更的整合和部署到正式環境

成功將容器映像傳送到註冊表（registry）會觸發啟用暫時環境（staging environment），這是一個臨時的環境，模擬生產環境以開始第二輪測試，其中可能包括整合測試、負載測試和其他測試。最後，在測試成功後，映像將部署到正式環境，做進一步的確認測試。

在此任何時間點，若發生錯誤，都會觸發團隊的聊天通知。以下是支援自動化測試和部署自動化的工具範例：

- GitHub Actions

- CircleCI

- Jenkins

- Azure DevOps

- Google Cloud Build

- AWS CodePipeline

 基礎架構即程式碼（Infrastructure as Code，簡稱 IaC）和基礎架構即服務（Infrastructure as a Service，簡稱 IaaS）是兩種不同的概念，常常為人們所混淆。讀者可在本機和雲端運算環境使用 IaC。IaaS 則是雲端供應商所提供的一種服務和服務傳遞模型。

宣告式與命令式基礎架構程式碼

基礎架構管理工具在處理架構程式碼時有兩種主要方法：宣告式和命令式。宣告式架構程式碼是描述所期望的最終狀態，而工具負責實現該狀態。相較之下，命令式架構程式碼要求你指定達成任務的具體步驟。在實際應用中，過於偏向這兩種極端方法的工具，往往會因資源限制而難以應付不同的需求。

例如，宣告式框架可能適用於大多數常見的部署情境，但在處理其他特殊情況時可能過於受限，無法充分表達所需的操作。命令式框架則在處理這些特殊情況時更具靈活性。然而，當你只需部署標準映像並透過少量自訂變數進行微調時，命令式框架可能變得冗長且繁瑣。因此，廣受採用的架構程式碼工具往往會在宣告式和命令式之間取得平衡，提供直覺且靈活的方式來實現許多部署流程。

將基礎架構視為資料的處理方式

在 2013 年「O'Reilly Radar」部落格的文章裡，Ansible 的創作者 Michael DeHaan 在「The Rise of Infrastructure as Data」（*https://oreil.ly/n2xUH*）一文中提到：「基礎架構的最佳建模方式不是以程式碼或圖形使用者介面（GUI）來實現，而是以文字為基礎、處於中間地帶、以資料驅動的策略方式進行建模」。他提出了**基礎架構即資料（IaD）**的名詞，以拓展宣告式架構程式碼的概念。

那麼，你應該將基礎架構視為資料還是程式碼呢？將基礎架構以資料模型的方式建模，並使用架構程式碼和相對的做法來實現，這種方式具有令人著迷的特點，如同光可以被建模為波形或粒子一樣，與其選擇其中一種，不如兩者兼而有之。

現在請回顧一下在第 3 章學到關於資料的重要性以及對公司的價值。你的任務是確保資料的安全、管理和可用性。在建立基礎架構的資料模型時，你將意識到這些基本資源對於運作良好系統具有的關鍵價值。請思考以下問題：

- 資料模型儲存在哪裡？
- 資料模型的中繼資料儲存在哪裡？
- 如何追蹤資料模型的變更？

何謂 GitOps ？

GitOps 是一種相對 IaC 和 IaD 較新的基礎架構管理模型，起源於 2017 年對 Kubernetes 叢集的管理。OpenGitOps（*https://opengitops.dev*）是一套由社群發起的標準，描述關於 GitOps 的推薦做法和準則。V1.0.0 的準則如下：

- 宣告式基礎架構程式碼。
- 具有版本控制和不變的狀態。
- 資源需從中央儲存庫提取核准的設定。
- 持續調和實際狀態與期望狀態之間的差異。

GitOps 準則並非新玩意兒；GitOps 是對現有模型（包括架構程式碼、版本控制、來自 IaC 的部署自動化，以及來自 IaD 的不變狀態）的元件重新封裝。儘管如此，假如 GitOps 有助於組織採用改善的基礎架構管理方法，那麼它仍然具有利用價值。

開始進行基礎架構管理

在採用 IaC 和 IaD 模型的基礎上，現在可以思考逐步改善及基礎架構管理現代化的措施。對於缺乏或幾乎沒有現行做法的組織來說，採用基礎架構並推動現代化是一項重要的技術變革；除了需要改變流程和更新技能外，還需要考慮相對的做法和技術。譬如，若是你目前尚未使用程式碼來建立和管理基礎架構，尋找一個起點可能會令人感到不知所措。對於已有一些現行做法的組織而言，瞭解所有已存在的系統可能就是一項艱鉅的任務，更甭提如何進行改善。

達成共識是專案圓滿結案的重要關鍵因素，請確保團隊和利益相關者對於改善基礎架構管理的特定專案有一致的願景。若未達成共識，將難以順利結案。

此外，確保專案不是「自動化所有任務」。反而要將專案的範圍限定在特定的目標。自動化所有任務也許是一個跨越季度、甚至可能跨年才能完成的專案，代表需要更長的時間才能達成結案目標。以下是一些範圍明確的基礎架構管理專案的例子：

- 改善開發環境的部署時間。

- 透過將系統即時設定任務轉換為程式碼修改排程，協助異地基礎架構團隊進行非同步協作。

- 簡化新進同仁入職流程，使特定專案能更易於接納兼參與，同時增進不同團隊之間的合作。

- 考慮在值班和輪班期間可能出現的問題，透過瑣碎事務自動化的方式使這些交接工作更加一帆風順。

「關鍵在於確定問題所在」。即使你的領導階層如此宣稱並試圖以此作為衡量標準，然而架構程式碼並非唯一的終點，而是達成目標的手段之一。

一旦確定了目標，就將其細分為更小的階段目標或關卡：版本控制、程式碼審視、自動化測試和部署自動化。根據需要利用現有的內容：

從版本控制開始

在已經採用版本控制軟體的團隊中，決定架構程式碼的儲存位置（與專案一起或在專用的程式碼儲存庫）。倘若你的團隊尚未運用版本控制，請回顧第 6 章，瞭解如何開始使用版本控制工具。

實施程式碼審視流程

對於已經進行程式碼審視的團隊，請評估並記錄當前的流程。

選擇你的基礎架構管理工具

在第 11 章裡，我介紹了三種架構程式碼模型，以協助讀者找出與評估正在使用的工具，並選擇其他基礎架構管理工具。

實施基礎架構要素的唯一授權點

請避免多個工具同時更新同一資源的情況。更新出現衝突將帶來鬱悶、沮喪和不必要的困擾。

莫忘合作精神

一項基礎架構管理專案的長遠成就，需要考量到工具所推動的工作流程，以及這些工作流程將如何影響團隊彼此的互動。一旦團隊採用了基礎架構自動化工具，該工具將成為未來變更相關系統的重要媒介。因此，每位團隊成員都需要充分瞭解所採用的機制，以供日常使用。

如果基礎架構管理專案只局限於團隊的一小部分成員，在其他人要求他們處理曾經自行做過的變更時，這些成員將成為瓶頸。此等情況會令每個人都感到沮喪。請確保邀請整個團隊參與，提供意見並進行針對性的示範，能夠更易於面對實務上的日常困擾，同時推廣該工具的應用。

檢查是否存在單一故障點

請記住，基礎架構也包括要部署的軟體。至少確保有一位人員充分瞭解應用程式的定義，以及應用程式的執行背景和原因。舉例來說，建議在來源控制中定義採用無伺服器化基礎架構的雲端應用程式，並自動部署到雲端服務供應商。

建立一個可作為設計人員初步範例的標準專案框架，藉由封裝特定的安全模式，避免隨意建立未經監督的臨時資源。

專案成功所需的必備技能

即使是團隊最具經驗豐富的成員，也需要一些培訓以順利掌握新的技術。假如讀者之前沒有使用過版本控制，這將是需要學習的第一個必備技能。你需要學習如何使用所採用的版本控制系統，並在相對的平台上建立帳號。舉例來說，對於 Terraform 的應用，可能需要進行一系列的培訓，包括 HashiCorp 配置語言（HCL）（*https://oreil.ly/6sgXp*）、Terraform 培訓，以及組織內部舉行的 Terraform 相關培訓。

透過自動化測試改善品質

在考量目前使用或規劃中的架構程式碼執行方式時，請思索如何將測試整合到初始計畫中，或者為現有的架構程式碼後續階段加入測試。很多時候，對架構程式碼進行自動化測試（也稱為「infratests」）本身就是一個重大的進展。

程式碼審視的建議

審視他人的工作難處並非易事。當你與對方達成一種特殊的心流狀態時，你們之間會形成一種比言語更深層次的交流方式。然而，在這種心流狀態之外，言語可能會有多種不同的解讀，而僅僅增加更多的言語並不一定能解決問題。

以下是我多年來學到的一些寶貴經驗：

- 程式碼並非必要完美無瑕。在評估他人的程式碼之前，先對審視過程建立一些瞭解。也許你可以採取某些常見的註解方式（*https://oreil.ly/P3gM1*），以確保統一的格式並提高預期效果。在進行評審時可以運用標記，用以表示你的回應是否防礙了建議合併的變更，或者僅僅只是個人的喜好。

- 別忘了審視程式碼中的註解。註解應該解釋程式碼存在的原因，而不僅僅是描述程式碼在做什麼（除非涉及複雜的內容，譬如正規表式法）。

- 審視過程中，切勿忽略對出色的部分給予讚揚。往往審視只著重點出問題，因此應該積極鼓勵並讚賞那些值得推薦的做法。

- 撰寫程式碼註解時，避免使用像「總是」和「從不」這樣的誇飾詞彙，因為往往某些特殊情況會破例於規則之外。

- 最重要的是態度友善。我不是說你不應該指明有問題的程式碼：避重就輕的態度並不是友善的行為。相反地，尤其在出現問題時，請花更多時間用心地給予有益的意見或建議。

若是你對程式碼有深刻的疑慮，可採取「非正式溝通」的方法，例如面談或使用 Slack 私訊，有機會改善對疑慮的處理結果。有時候，人們由於缺乏背景資訊，會對書面審查更加嚴苛地解讀。倘若採用更加親力親為的方式，例如合作修訂草稿，團隊成員可以從中學習，並且不會曲解你的意圖。

回顧一下第 7 章的內容，對於架構程式碼的測試而言，最大難處在於測試往往僅針對所使用的基礎架構平台，而非你的程式碼本身。需要思考的是，你是在審核程式碼的正確性，還是在測試基礎架構管理軟體是否正常運作。除非是內部開發的系統，否則應該信任軟體能夠按照預期運作。即便你正在使用內部配置系統，也請在 Git 專案中獨立測試該平台，與架構程式碼專案分開以免混淆。

讓我們重新回顧一下第 7 章裡提到的四種測試類型：程式碼檢查、單元測試、整合測試和終對端測試。在處理架構程式碼時，這些測試類型尤其關鍵。

程式碼檢查（Linting）

鑑於程式碼檢查工具的特性和建議措施的不斷進步，檢查工具對於版本的變動特別敏感。倘若有人在系統上使用某版本的檢查工具，而另一位使用不同的版本，這將對他們的程式碼產生影響；在同一個專案上工作時可能引發不相容的問題。與環境中的其他工具軟體一樣，請確保每個人使用相同的 linter 軟體版本。當檢查工具返回錯誤時，不一定表示需要修正程式碼，而是檢視並判斷問題點是否真的存在，或者是否可以自訂專案的檢查工具設定。

編寫單元測試

對於架構程式碼的單元測試而言,通常會有一個特殊的套件用於測試你所使用的平台。例如 Chef 使用 Chefspec,Puppet 使用 rspec-puppet。當你有特殊的自訂設定時,如不同的作業系統、運算執行個體或位於測試或正式環境的系統,架構程式碼可能變得相當複雜。重要的單元測試會針對那些能夠改變程式碼執行的輸入方式,以確保獲得可預測的輸出。這些測試有助於未來接手的系統管理員修改程式碼並及早發現問題。

一般情況下,簡易的架構程式碼毋需進行單元測試,因為可以假定基礎架構管理系統已按預期管理各資源區塊。我知道這似乎與測試金字塔的原則相互矛盾,但實際上對於架構程式碼而言,只有複雜的模式需要進行物件層級的測試。定期評估測試的重要性大有好處,因為你需要維護這些測試。反之,糟糕的測試可能會使人們對合作熱誠大打折扣!

編寫整合測試

在回顧第 7 章時,我們瞭解到不同組織對於整合測試的定義可能有所不同。整合測試的定義分為狹義(測試兩個元件)和廣義(測試多個元件)。在測試架構程式碼之前,請先明確執行目標。舉個例子,當使用架構程式碼來設定第三方服務時,你會測試啟用的設定,還是模擬與服務的連接並假設在不同環境中能夠正常運作?

在考慮內含系統指令的腳本時,請留意這些指令可能會因外在因素而產生不同的回應。舉例來說,在進行整合測試時,你希望控制系統命令的輸出,因為測試的是包含系統指令的腳本,而非系統命令本身。模擬是一項重要的技巧,確保測試的再現性並集中於測試目標。

編寫終對端測試

終對端(E2E)測試係用於近乎正式的臨時環境,檢驗專案的功能自始至終是否符合預期,因此執行這類測試可能會有一些不可忽視的成本。假使持續整合(CI)系統未清理測試基礎架構,你可能會在不必要的資源上浪費資金。

管理測試基礎架構和鞏固測試防洪堤

作者 *Chris Devers*

在多年維護和擴展產品線的過程中，我發現公司的測試環境（包括測試、框架和測試基礎架構）與產品系統的維護同等重要。其優點在於團隊的測試框架可在客戶發現問題之前，提前察覺大部分問題，讓我們能夠及早修正並表達新的構想。舉例來說，我們使用輔助工具來進行整合測試，有助於團隊探索新的生產系統部署和管理方式，進而針對當前和未來客戶去改善產品的運作效能。

問題在於測試框架本身變得難以維護。測試框架原本能夠及早發現問題並讓我們嘗試新構想，卻也因此遭受到這些問題的困擾：

「資源共享悲劇」問題

　　測試框架對於許多開發人員來說是一項好處，但沒有一人或團隊真正負責維護和確保框架本身的品質。因此，隨著使用它的人越來越多，框架變得難以維護。

「誰來監督監視者」問題

　　對於一個測試失敗的報告結果，很難斷定問題出在測試本身的錯誤上。到底是試圖模擬一個在正式環境「不可能發生」的情況，或是問題實際出自產品軟體本身的缺陷，也許「不可能發生」的情況並非如此斬釘截鐵。

「喊狼來了的男孩」問題

　　告警系統會觸發已修復問題的警報，因為它們誤解了測試執行的結果，使得開發人員必須再次判斷測試結果，以區分真正的問題和過去缺陷所造成的干擾。

為了避免落入這個陷阱，建議花費時間和定期投入資源來維護系統使用的文件紀錄，包括測試系統的相關資訊。此外，請參閱附錄 B，瞭解如何有效投入時間和資源來解決測試環境可能出現的四種異常問題類型，以確保其良好狀態。

遵守這些準則，根據組織或團隊的需求、技術、優勢和缺點，制定適合你的 IaC 和 IaD 的實施方式，以更有效地管理基礎架構，並實現更高效的協作。

總結

在這個以軟體管理資源的時代，IaC（基礎架構即程式碼）和 IaD（基礎架構即資料）的應用方法提供了一個高度可制定的框架，用於建立、測試、部署和管理系統的基礎架構。這些方法涵蓋了版本控制、程式碼審視和自動化測試等，皆為軟體開發團隊中已被廣泛接受的標準做法。

對於未曾採納這些方法的組織而言，導入 IaC 和 IaD 的工作需要逐步進行。建議尋找特定領域的最佳做法，以協助團隊取得初步進展並不斷的持續改善。

更多資源

若想深入瞭解基礎架構即程式碼（IaC）的相關實務，建議參閱 Kief Morris's 所著改版的 *Infrastructure as Code*（*https://oreil.ly/xxTX8*）（O'Reilly）。

第十三章

基礎架構安全防護

在你的組織中，可能有專門負責保障基礎架構的資安專家，也可能沒有任何人擁有「資安專家」的職銜，甚至有些同仁對這方面的專業知識相當有限。無論是否有機會與他人合作，或者需要自行解決問題，皆可透過培養資安意識的思維來提升基礎架構的安全性。

在理想情況下，基礎架構防護應該在規劃和建立系統所需資源時就開始進行。但當面對的是現存的基礎架構時，該從哪兒開始著手呢？這個問題的答案是採取深度防禦。我們應將資安措施應用於不同的層面，以確保基礎架構的安全性，但這並不代表從此萬無一失。然而採取資安的思維模式，可以改善管理系統的可靠性、穩定性和整體操作性，包括應用程式、工具和服務（觀念類似於烘烤特定食物所希望的存放特性）。

在本章，我介紹了一種保護基礎架構的方法。首先針對常規建置流程中的攻擊媒介進行總體檢，以尋找可能存在的弱點，並採取不同的措施來限制風險範圍（例如管理身分存取和機密資訊，確保運算和網路安全），以應付最常見的攻擊方式。特別要注意，本章不代表提供一種能夠全面保護基礎架構的方法，因為它只是皮毛而已。但它確實提供了一種思維方式，協助讀者將關鍵的資安工作拆解為可達成的小目標。

請參閱第八章〈基礎架構安全〉以獲取更多有關基礎安全做法的細節。

評估攻擊媒介

儘管本書無法詳加介紹如何完整評估讀者環境中的攻擊媒介，但改善基礎架構的安全性始於思索組織內部與特定資產關聯的可能侵入點。

讓我們來檢視第 12 章的常規建置流程，以尋找圖 13-1 存在的弱點區域。

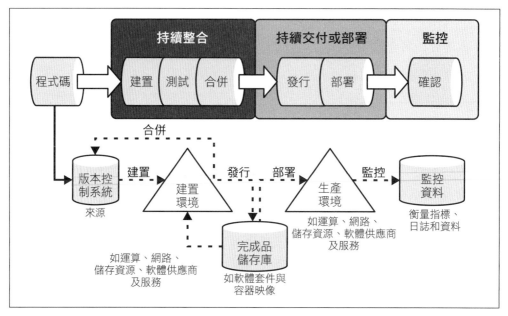

圖 13-1　檢視建置流程中的弱點區域

每個階段都存在不同的攻擊媒介。以下僅列舉其中幾項：

- 版本控制系統。
- 建置環境中的資源。
- 建置平台。
- 儲存庫中的軟體套件和容器映像。
- 生產環境和其他環境中的資源。
- 有關基礎架構及其運作狀況的資料。

在流程的初期階段，資源的風險可能會對後續建立的所有資源產生負面效應。以下是對這些資源的一些常見攻擊：

- 身分認證（credential）遭到破解（例如，網站被入侵導致帳號和密碼雙雙外洩，且使用者在多個網站重複使用相同的帳號和密碼）。
- 身分認證強度不足（例如，容易被猜到的密碼像是「123456」）。
- 設定錯誤（例如，服務設定未要求驗證和授權）。
- 軟體套件和容器映像的漏洞（例如，未修正的 Docker 映像）。
- 未修正的作業系統和軟體（例如，安裝作業系統後未更新至最新的修正版）。

面對這些危機該如何改善你的資安處理方式？藉助架構程式碼，能夠減少錯誤和設定上的問題，因其採用「零信任」的方式將架構進行隔離，並限制那些沒有必要對網際網路公開的資源。如同視為 IaC 和 IaD 一樣，逐步採用各種具體做法來改善基礎架構管理的安全性。現在，讓我們以不同的視角集中於幾個重要領域：

- 管理身分和存取權限（針對 1、2）。
- 管理機密資料（針對 1、2）。
- 保障運算資源（針對 3、4 和 5）。
- 確保網路安全性（針對 4）。

管理身分和存取權限

根據你在系統管理方面的經驗、環境中的作業系統，以及使用主機代管服務的情況，也許會以多種方式來管理使用者及存取，包括以下幾種方法：

- 同步 /etc/passwd 檔案，並避免使用者識別碼（User ID）重複。
- 管理 LDAP 伺服器、Kerberos 服務或 Active Directory。
- 使用 htpasswd 檔案管理身分。
- 執行 SQL 腳本以新增使用者，並授予 MySQL 資料庫角色。

其中一些方法仍然是管理使用者存取的有效方式。不過，新技術和技巧的出現能促進自動化、資訊透明公開並遵守法規。

如何控管對系統的存取？

身分識別與存取管理（IAM）是指設定使用者、群組和服務的角色和權限，以及支援配置及撤銷權限的底層技術和程序。IAM 包含三個核心元素：

驗證（*Authentication*）

　　確認使用者是否符合其聲明的身分。

授權（*Authorization*）

　　確認使用者是否具有執行操作請求的權限。

活動記錄（*Activity logging*）

　　透過記錄使用者的活動來建立日誌。

除了管理的內部解決方案之外，外部服務在實行 IAM 方面運用了不同的術語和概念。特定供應商提供的各種服務（例如運算執行個體與資料庫驗證和授權）可能會使用獨特的 IAM 實現方式。因此需要閱讀規劃用到的服務文件，瞭解如何進行驗證、授權和記錄活動。若你從新的位置開始遷移到不同的雲端平台，或使用新的網路服務時，應該會發現到身分管理的實施方式可能會有所不同。

舉例來說，Amazon AWS IAM、Google GCP Cloud Identity and IAM，以及 Microsoft Azure Active Directory 均為不同的服務供應商和其對應的身分服務。由於這些服務與供應商之間存在差異，錯誤的設定可能會不經意地削弱你的系統安全。

下列是一些現代基礎架構身分管理變革的例子：

- 取代僅使用單一驗證（例如密碼）的登入系統，改為需提供多樣證明的多重要素驗證（MFA）。透過 MFA，個人需提供某種已知資訊（如：密碼或 PIN 碼）及持有物件（如：安全權杖或卡片）以審核其身分。

- 取代在多個 Unix 系統間同步並集中管理 /etc/passwd 檔案或將其繫結至 LDAP 目錄的做法，改由配置架構程式碼來確保使用者僅在所需的系統上建立帳號。

IAM 確實可以變得很複雜。譬如採用獨立於服務提供者的企業使用者目錄來管理身分時，需要管理不同服務之間的信任關係和聯合身分驗證。這使你能夠在各個服務之間共享身分驗證方法，讓使用者可以利用現有的身分認證。

IAM 的需求涵蓋了不同領域，比如在組織內的企業身分、用於應用程式間通訊的服務身分，以及用於存取面向客戶服務的消費者身分等，增加了其中的複雜性。

最有可能的是，用於管理多種服務的 IAM 工具集比以前更複雜。藉助架構程式碼可以實現一致性、可重複性且可測試的設定。此外尚需建立透明化的程序，尤其是在員工入職和離職的當下，設定任何無法與自動化整合的內容。

為了提供開發人員更友善的資源設定管理方式，需要納入額外的監控措施和稽核機制。舉例來說，對於像 AWS S3 這樣的物件儲存服務，最常見的存取設定錯誤之一便是將儲存區設定為完全開放匿名存取，或允許任何人對儲存區進行資料讀取或寫入。這是如何發生的呢？許多課程教學為了讓開發人員更易於學習服務的概念，會要求他們開放存取權限，卻從未解釋這些設定的用途。遺憾的是，這些方式往往會帶入到正式環境，造成資安漏洞。提供業界最佳做法的架構程式片段可以協助他人作業更輕鬆，並確保組織內的設定保持一致。

讀者可能需要對環境問題展開稽核，並教育組織內的工程師運用特定技術。舉例來說，你希望確保每個人的帳號均啟用 MFA。只需要設定自動化流程，定期掃描缺少 MFA 的帳號，並通知帳號持有者進行修正，比如啟用 MFA 或停用帳戶。

可以善用所選的架構程式碼工具，從追蹤、稽核到修改系統內的企業和服務身分來作為資源設定程序的環節之一。使用架構程式碼工具可確保統一套用編碼的設定，並按照需求推送更新。

誰該擁有系統存取權？

一旦釐清如何控制各種系統的存取方式之後，接下來就是要決定誰該擁有系統的存取權。在檢閱應用程式或服務文件時，通常可找到系統的相關操作指南，包括所需的帳號和相關權限。同時也應自問以下問題：

- 個人或服務帳號是否需要提升權限？
- 存取是否該有時間限制？
- 已登入的使用者是否需要與未登入的匿名者有不同的功能？

在授予系統存取權限時，可以透過最小權限和職務分離的原則，將系統可能受到的損害降到最低。最小權限原則確保每位使用者或系統元件僅擁有執行其工作所需的最低權限，而不是擁有根（root）或管理員層級的權限。換句話說，當帳號遭到盜用時，危害僅限於帳號所能存取或授權的系統元件。

讀者可以查看可用的應用程式介面（API）。通常人們將 API 視為開發人員的領域，但它們是一個關鍵的攻擊媒介，因為大多數現代網路應用程式以某種形式向使用者公開 API。比如在代管服務中，可透過供應商的 API 閘道設定並管理對所有系統和資料的存取。請檢查你的服務在預設情況下提供哪些開放的存取權限。

IAM 和日誌紀錄的功能類似於本地資料中心或伺服器機房中的門鎖、監視器和其他實體監控措施。架構程式碼則是確保這些「房門」保持適當「上鎖」和監控實際必要的存取工具。

管理機密資料

工程師們希望以最少的阻礙儘快完成工作，有時候他們會相信那些沒有任何隱私概念的應用程式，或者不小心將它們加入到原始碼控制。只是，他們往往無法完全認清機密資料外洩所產生的隱患，而原始碼內可能嵌入了機密資訊，不同的服務需要不同的處理程序。機密資料包括密碼、mTLS 憑證、持有人權杖和 API 金鑰。

機密資料面臨一個啟動問題：如何存取特定資源？若需要一個密碼，如何取得該密碼？猶記得在我的職業生涯初期，曾經有人遞交一張精心書寫的便條紙，並告知我必須記住該密碼，然後銷毀便條紙。當有任何成員退出團隊時，必須重新設定 Root 和管理員密碼，同時得確保其他成員皆有新密碼，這是一項麻煩的任務。

在現今的環境中，還需要保護不該存取的主機密碼以外更多的機密。利用架構程式碼來建立密碼管理的典範，可提高接受度並追蹤進度。不過，架構程式碼也為密碼管理帶來了新挑戰，因為這些工具需要存取機密資料。讓我們一起仔細研究這些問題，以協助管理密碼。

密碼管理員和密碼管理軟體

有時機密資訊需要供人員或自動化程序存取或使用。這些存取模式決定了最佳的界面類型，使得密碼管理軟體通常主要針對其中一種用途進行客製。

當涉及到人員的互動使用時，密碼管理軟體通常被稱為密碼管理員或特權存取管理應用程式。密碼管理員可以產生並儲存牢靠且獨一無二的密碼，能夠減少重複使用密碼的風險，並在團隊之間共享機密資訊，避開使用不安全的方式，比如書寫或透過合作服務或電子郵件傳送。以下是一些著名的密碼管理員：

- 1Password（*https://1password.com*）

- LastPass（*https://www.lastpass.com*）

- KeePass（*https://keepass.info*）

- Bitwarden（*https://bitwarden.com*）

- pass（*https://www.passwordstore.org*）

其他應用程式的密碼管理軟體通常擁有身分驗證和稽核功能的鍵值資料庫。廠商透過整合不同的軟體生態系統或支援特殊的使用模式，來提高密碼管理解決方案的價值。密碼管理平台的主要目的是將儲存的機密資料與程式碼或設定分開。除了實現這種分隔之外，在評估密碼管理軟體時，應該考量某些因素，例如：

集中管理

　　所有機密資料都儲存在集中位置，減少儲存於程式碼內部或因意外疏忽而導致外洩的風險。

撤銷

　　將機密資訊標記為無效並且不再信任。

輪替

　　更新身分識別的認證資訊。包括機密資料的更新，定期更換新密碼，以避免機密資料和應用程式之間產生任何的相依性。

隔離

　　將機密資料指派給個人或角色，並授予最低的權限。不要讓同一個應用程式擁有所有專案機密的完整存取權限。

庫存

儲存機密資料的權限（與存取的機密資料分開），以解決機密資訊散亂的問題。

儲存

機密資料儲存和複製方式的設定和可見度。

稽核

對機密資料的任何存取進行記錄和監控。

加密

在靜態儲存和傳輸過程中對機密資料進行加密，以確保其安全性。機密資料不應以明文形式寫入硬碟或在網路上傳輸，以避免資料外洩。

產生

建立新的機密資料。

整合支援

包括與其他服務的易用性並與你的軟體進行整合的能力。

可靠性

存取機密資料需具有可靠性，若機密資料儲存設備停擺，特定的服務和系統將如何運作？

保護機密資料與監控用途

監控身分認證與其他機密資料的存取用途，對於讀者的深層防禦策略立場尤為關鍵。機密資料可能會以多種方式外洩，因此有必要建立檢測機制並回應機密資料外洩情況。一些機密資料洩漏的方式包括利用指令歷史紀錄、除錯日誌和環境變數。環境變數必須特別留心，因為它們可用於處理程序，且機密資料可能會經由處理程序列表而曝光，卻無稽核日誌可追蹤外洩情況。

在 2020 年，Ubiquiti 的工程師們偵測到內部網路出現了異常活動（*https://oreil.ly/g42C5*），其源頭可追溯自一位 IT 管理員的帳號與密碼被不當地使用（帳密儲存在 LastPass）。由於缺乏日誌紀錄，無法追蹤惡意攻擊者在取得系統存取權期

間所執行的操作。即使你認為任何具有存取系統權限的人員都應隨時能存取所有機密資料，仍需慮及第三方服務也許會將包含機密資料的日誌以明文形式處理的風險。請思索在問題發生期間，一個日誌記錄的機密資料流程。例如，它可能被 Splunk 所接收、包含於 PagerDuty 的警示，然後透過電子郵件和簡訊傳送。

你希望知道哪些系統可以令人放心（且應該安全！）且能夠在意外狀況下檢測到身分認證的使用問題（譬如來自不同來源 IP 或在其他時間）。許多應用程式和服務透過機器學習提供異常帳號檢測功能，使你能夠察覺超出正常範圍的舉動。

為了確認受到威脅的範圍和深度，需要建立一個全面且明確的資料管理策略，以便用於日誌追蹤。藉由權限分離的方式，將系統管理活動與稽核日誌活動分開。

按照傳統慣例，讀者需顧慮使用者存取的管理。而現在，你也需要擔心服務存取的管理。儘管工具和技術已逐步越發成熟，但是密碼管理仍然存在著疑難雜症，尤其是在機器對機器的機密通訊。通常情況下，也許從曝光的機密無法窺見全部的風險，因為程式碼內可能嵌入了機密資訊，且不同的服務需要不同的處理程序。然而密碼管理軟體的存取日誌可協助解決這個問題：存取機密的服務將具有一定的執行模式，有助於檢測異常的存取行為。此外，你可以稽核哪些服務或應用程式未使用所選定的密碼管理軟體，並將其視為可能的隱患。還有，架構程式碼能協助你彌補這些漏洞。

保護你的運算環境

保護你的運算環境可大幅減少系統的攻擊媒介，確保系統的作業系統、服務和工具的機密性、完整性和有效性。保護運算基礎架構的成果取決於所使用的服務類型。舉例來說，倘若你使用的是代管服務，那麼所支付的費用已含服務供應商擔保基礎架構的安全責任。

對於讀者選擇自行建置和運算執行的虛擬機器和容器，服務供應商對這些管理作業僅提供實體安全與作業環境（如虛擬化管理程式或容器主機），透過架構程式碼管理基礎架構的配置，更有易於確保肩負系統堆疊的責任。

作業系統和應用程式通常會採用開放式設定作為預設值，優先考慮使用便利性而非安全性。假如保障作業系統和應用程式管理的服務設定，則可降低攻擊面的風險。這是許多法規和標準下常見的法令遵守要求，包括支付卡產業資料安全標準

（PCI-DSS）、ISO 27001、美國沙賓法案（US Sarbanes-Oxley Act，SOX）和聯邦資訊安全管理法（FISMA）。

請參閱以下資源以獲取相關指導：

- The Center for Internet Security（CIS）implementation guides（*https://oreil.ly/4Ises*）。

- The Security Technical Implementation Guides（STIGs）（*https://oreil.ly/4aLd3*）。

這些經過同業審查的標準適用於許多作業系統、主流的應用程式和網路設備。這些標準提供了詳細的指引，用於強化各種與安全相關的設定；然而其中的一些指示可能不適用於你的情況。請仔細審視這些標準，並依據所處的產業與環境，執行有意義的建議。

紀錄與標準的偏差

作者 Chris Devers

我們的團隊新來了一位主管，他希望我們更新公司的產品以符合 CIS 的建議。其中一項建議是 Linux 主機應遵守某些慣例，利用不同的分割區來隔離標準的頂層目錄。這位新主管未能注意到在實際應用中更常見的穩定性問題是，當一個分割區空間用盡時，日誌會停止更新，而資料庫會停止追加新的紀錄。我們已仔細衡量了這種分割區方案的利弊，認為整合為更直接的配置設計更加簡潔，決定把大部分分割區合而為一，這將會帶來更多的優勢。

對我們而言，瞭解業界標準做法背後的原理十分重要，衡量系統現況與標準的契合度，並判斷是否可能因採納標準做法而帶來其他更多的問題。

若是讀者決定不依照「最佳方案」的建議，請考慮替代方案是否能夠解決標準做法無力顧及的重要問題，並在政策文件中記錄該決議及其結果，這一點尤為重要。

管理運算基礎架構安全的另一項重點是執行作業系統、已安裝套件和應用程式的修補更新。不幸的是，進行修補更新可能因多種原因而變得複雜，例如應用程式對特定版本的 OS 或其他套件含有相依性的情況；或者無法持續部署的措施，以及擔心出現相容性和穩定性方面的問題。

同樣的，架構程式碼有助於應付這些問題。你可以在架構程式碼內記錄和確保應用程式的相依性。架構程式碼的自動化和可重複特性促使部署頻繁，並能夠對關鍵系統執行更新檔測試。你可以對不同版本的相依性執行自動化測試，以找出更新檔帶來的潛在風險，並依據需求提供令人安心的更新程序。

當使用容器化應用程式時，你需要像直接在伺服器上執行應用程式一樣地進行更新。大多數容器映像包含許多作業系統套件，這些套件需要定期進行更新。可利用架構程式碼平台來建立全新且已修補的容器映像，並對其進行測試和部署。

十二要素應用程式 [1] 是一種流行的軟體開發方法論，強調在應用程式開發過程中明確宣告和隔離相依性，消除系統層級套件所隱藏的相依性（*https://oreil.ly/45S4A*）。透過包含特殊版的應用程式清單，能可靠地重現建置程序而不影響底層 OS。此外，這種方法還提供了一個測試新版建置的途徑，毋需依賴 OS 廠商所提供的版本更新。假如隔離了相依性，請記住，除了定期進行作業系統修正之外，尚需要定期更新和管理相依性清單，包括重新建置、測試和重新部署應用程式，以確保應用程式始終採用最新且安全的相依套件。

保護你的網路

網路控制提供了對網路服務的多重防禦。若是攻擊者無法與服務進行通訊，則無論該服務存在任何漏洞或錯誤設定，攻擊者都無法直接對該服務展開攻擊。這個基本觀念促成了傳統標準的網路拓樸設計；系統管理員會建立一個受信任的核心網路，用於容納組織內部大多數系統，並設定防火牆來限制不受信任的外部網路對核心網路的存取。在這種拓樸設計裡，公開存取的系統（如 Web 伺服器）會設置在最邊界的區域，通常稱為非軍事區（demilitarized zone，DMZ）。核心網路和 DMZ 之外皆為非信任區，在進入核心網路之前需經過防火牆的過濾。

1　欲深入瞭解更多有關十二要素方法論，請造訪 *https://12factor.net*。此方法論源於 Heroku 工程師們對「數十萬個應用程式的開發、維運和擴充」所累積的寶貴經驗。

這種拓樸設計被形容為「糖果棒網路安全」：外表看起來脆弱易被攻破，但內部卻具備強韌的安全性。其概念是將攻擊者的注意力集中於網路邊界，並假設任何存取內部資源的使用者皆出於正當需求，且需要一個無障礙的使用體驗。

當這種基於信任的網路隔離被當作不安全系統或協定的主要防禦手段時，其缺點就變得顯而易見。舉例來說，如果攻擊者可以存取受信任核心網路的其中一個系統，那麼他就能夠進入所有不安全系統的領域，如同進入了一個遊樂場。

早期改善網路安全的方法之一是利用虛擬區域網路（VLAN）來分割網路。終歸而言，儘管這種技術提供了一些額外的保護層，但它實際仍是取決於某種不同「韌性」程度的扁平化網路。

更進步的方法是採用軟體定義防火牆，將防火牆部署於每個運算和儲存節點。這樣的做法不僅要求系統位於內部網路，還得進行相對的設定才能獲得存取權限。軟體定義網路產品專為迅速且易於調整的設定而設計，以便新增或移除伺服器和服務時能夠靈活地適應改變。在新增系統時，要考慮它們需要與哪些用於通訊的服務，並限制網路通訊僅使用這些特定服務。初步透過對這些網路相依性的梳理，日後讀者將受益於更容易理解的架構，並在架構程式碼中明確記錄資料流程，這是一個值得回報的成果。

整體而言，業界正朝著採用零信任架構模型的方向邁進。零信任的關鍵原則如下：

- 不因實體所在地而授予任何自動的信任。
- 該模型要求資源必須具備有效的驗證和授權。
- 防護是以資源為中心，而非網路區段。

換言之，這與保護網路安全性較無相關性，而是關乎網路內每個經過授權和驗證的實體（比如伺服器或個人工作站），僅按既定政策允許的服務進行通訊。

容器化和無伺服器化管理作業的動態本質，為網路分割帶來了進一步的考驗和機遇。大多數產品和服務均內建或提供附加功能，以實現整合管理作業的零信任網路連接。舉例來說，在 Kubernetes 中，網路策略可以根據管理員和開發人員，在其他方面使用熟悉的選擇器，針對特定的 Pod 進行定位。若希望在 Kubernetes 中使用網路策略，重點是確保選擇的 Kubernetes 網路外掛程式能夠支援網路安全目標所需的功能。

基礎架構管理的安全建議

如果組織目前尚未明確採納 IaC 或 IaD 的做法，建議瞭解目前的使用情況或以規劃為第一步。將安全性納入你的初始規劃，或將其加入整體策略。

以下是我的一般建議（不論你的基礎架構管理狀態為何）：

- 檢查誰具有執行自動化和架構程式碼的權限。確保此權限僅限於執行相關任務所需的範圍，並與這些任務日誌的修改權限隔離開來。

- 確保身分認證的安全並自動儲存。

- 不要重複利用使用者帳號或服務認證。使用 IAM 就有機會根據需求產生和撤銷身分認證。

- 檢查建置的架構程式碼，僅授予使用者和資源（例如虛擬機器）所需的必要權限。

- 檢查資源配置來加強使用資源的完整性。

- 在雲端運算環境中，透過將每個管理作業關聯至單一帳戶，限制可能的影響範圍。

- 對於運算環境遵守自動化原則。例如，如果你正在使用 Google Cloud Storage 作為線上檔案的儲存服務，可能僅需處理本章稍早提到有關存取身分的問題。對於這個特殊資源，可將存放於儲存區的物件進行加密；即使有人直接獲取該儲存區的存取權限，也能夠增加另一層安全防護。利用這個 Terraform 程式碼片段，可啟用統一的層級存取（*https://oreil.ly/imioB*），並提供金鑰用於加密 Google Cloud Storage 儲存區內的物件：

  ```
  resource "google_storage_bucket" "static-assets"
    name = "static.example.com"
          uniform_bucket_level_access = true
          encryption {
    default_kms_key_name = "static-assets-key"
    }
          }
  ```

- 新增靜態程式碼分析來掃描你的基礎架構程式碼，以尋找安全性設定或缺少的最佳做法。可直接整合至你的自動化工具部署之內，作為自動化部署門檻的要素之一。例如，Checkov（*https://oreil.ly/mzuBD*）是一個開源工具，用以掃描架構程式碼。對先前 Cloud Storage 儲存區的 Terraform 範例進行掃描後，就會返回以下結果：

```
terraform scan results:

Passed checks: 2, Failed checks: 0, Skipped checks: 0

Check: CKV_GCP_5: "Ensure Google storage bucket have encryption enabled"
    PASSED for resource: google_storage_bucket.static-assets
    File: /gcp_bucket.tf:1-7
    Guide: https://docs.bridgecrew.io/docs/bc_gcp_gcs_1

Check: CKV_GCP_29: "Ensure that Cloud Storage buckets have uniform
    bucket-level access enabled"
    PASSED for resource: google_storage_bucket.static-assets
    File: /gcp_bucket.tf:1-7
    Guide: https://docs.bridgecrew.io/docs/bc_gcp_gcs_2
```

- 掃描版本控制儲存庫以尋找機密資料。譬如考慮強化已在使用的工具，gitleaks（*https://oreil.ly/6tnYR*）是一個開源工具，用於檢測在 Git 儲存庫嵌入的機密資料。如 GitHub（*https://oreil.ly/6wck4*）這類的代管原始碼服務已開始提供機密資料掃描服務，提醒儲存庫管理員和業主有關資訊可能外洩的情況。

- 最後，可以利用架構程式碼來協助執行組織的安全性政策。考慮強化已在使用的工具，採取自動化來確認政策是否被遵守，利用變更控制系統來簡化準備相關文件以配合政策更新，且資訊透明公開，使安全性政策、合規性可供稽核。

總結

無論讀者的職銜是否涵蓋資安領域，身為系統管理員，維護系統的安全性是你負責工作的重要方向。請思索對管理系統造成潛在威脅的攻擊媒介（attack vector），以及這些攻擊媒介存在的原因：濫用的身分認證、設定錯誤的軟體和未安裝的修補程式。為了對抗這些隱患，必須採取多重手段來防護帳號、機密資料和基礎架構的資源安全。

傳統的網路安全拓樸重點往往在於閘道防火牆，但會產生所謂「糖果棒」綜合症，即網路邊界脆弱且易受攻擊，但內部強大而堅韌。在零信任模型中，放棄了對網路邊界的關注，轉而採用「永不信任，始終檢驗」的方式，著重於確認每次對任一資源的存取；不論流量來自於何處，皆必須來自於經過驗證的帳號並使用可信任的裝置。這種方法還能擺脫對系統擁有完全控制權的 Root 管理帳號的依賴，並傾向採用委派帳號的模式，這些帳號僅具有執行任務的必要權限。

資安的零信任方法依賴於身分存取管理框架，允許對授權存取資源的使用者和服務進行稽核，同時也取決於機密管理方法，以保護用於存取資源的密碼和其他的存取權杖。

當考慮將資安思維應用於工作時，如同 IaC 和 IaD 一樣，採用漸進方式尋找特定的領域，使開發一致、可維護並擴充安全標準。

更多資源

讀者可從下列資源瞭解更多有關零信任模型的資訊：

- John Kindervag 的《No More Chewy Centers: Introducing the Zero Trust Model of Information Security》著作（*https://oreil.ly/7Nuaa*），由 Forrester Research 出版。

- Google 所實施的零信任模型：BeyondCorp（*https://oreil.ly/ CLGm7*）。

- 如果你正在尋找正式的參考資料，可參閱 NIST SP 800-207（*https:// oreil.ly/GiQXj*）。

欲深入瞭解如何保護基礎架構的更多資訊，請參考以下資源：

- SLSA（*https://oreil.ly/AmWmy*）是業界致力於建立的一套標準，旨在改善基礎架構資源。

- *Container Security* from Liz Rice（O'Reilly）。

- 《*97 Things Every Information Security Professional Should Know*》一書涵蓋了來自業界專家的各種資安主題，由 Tobias Macey（O'Reilly）編著。讀者可以從中獲取更多的相關資訊。

第四篇

監控系統

也許你正在執行多個不同的系統。而接下來的四個章節將介紹一種框架,供讀者用於找出有效的監控策略、評估當前的監控工具和框架,以及透過監控職涯來管理監控的資料和工作內容。

複雜的系統監控為系統元件提供應用程式分析與深入的觀測性。過去的系統管理員更在意系統指標。隨著環境的擴充更加龐大與複雜,系統指標的價值逐漸降低,甚至毫無意義。此外,當專注於應用程式品質和帶給使用者的影響時,個別系統的重要性就降低了。

第十四章

監控論

監控是透過對基礎架構（包括硬體、軟體和人工流程）進行測量、蒐集、儲存、探索和視覺化資料的程序。它會協助回應系統「何時」與「為何」執行這些工作，並提供商業決策所需的資訊，以維持長期的人力配合。舉例來說，透過適當的人員配置，避免系統管理員長時間處於工作過勞的狀態。

本章將提供一個框架，協助讀者思索監控的相關議題，並確認有效的監控策略。我將解釋監控與可觀測性的區別，並詳細介紹監控流程的要點與步驟，以及它們之間的關聯性。透過對這些運作機制的深入瞭解，有助於你優先考量監控所帶來的重要效益，判斷如何進行監控和監控的範疇；無論選擇使用哪些工具，都能改善對工作流程、系統和團隊的能見度。

為何監控？

提升對系統進行監控的能見度有諸多原因：它能引起你對系統弱點、脆弱性或風險的重視，並協助制定更加完善的決策。

問題探索

　　能夠透過監控來發現問題並領悟問題的解決方法。舉例來說，藉由監控網頁請求的延遲時間，發現慢速的 MySQL 查詢對客戶所產生影響，並因此找到問題。

流程改善

透過不斷改善團隊流程，加速排除問題和提升準確性，並將繁瑣的工作轉為自動化以提升整體效率，同時避免團隊工作負擔過於沉重。譬如藉由監控工作佇列來改善流程，以瞭解它對團隊的影響力。

風險管理

風險管理是指確認、評估和優先處理潛在問題的程序。比如，可以透過監控軟體部署並調整自動化或流程，降低出錯的機率和嚴重程度，

基線行為

基線行為是指系統處於常規負荷下，所展現的正常活動。建立基線行為可透過監控一段時間的數據，觀察服務的走勢，並分析特殊日期（如假期、週末）以及新聞活動（如選舉和體育賽事）對系統造成的影響。

預算規劃

預算規劃是指確定、評估和優先考慮基礎架構投資，並強制實施支出責任制。規劃預算的一種方法是透過監控基礎架構支出，以找出其他解決方案更具成本效益之處，或設定限制條件，使工程師可測試新解決方案，不必擔心超出預算。

容量管理

容量管理是基於業務需求建置可持續儲存空間的程序。例如，透過監控基礎架構，相較於特設資源，可確定何時運用預留資源更能有效節約費用，並以此作為容量管理的依據。

監控不僅僅只是執行一項工具，它還涉及讀者欲瞭解的內容和期盼成果，評估現有的工具，並採取最有效的方法來實現目標。此外，思考實行監控的原因並設定具體監控目標，可訓練你在業務環境下的批判性思維，以避免在與目標無法契合情況下，直接仿照服務供應商的監控措施。

監控與可觀測性如何區別？

在 1970 年代，Rudolf E. Kálmán 提出了對於線性動態系統的可觀測性概念。可觀測性衡量是指僅透過輸出數據，便能夠從外部來觀測系統內部狀態的能力。系統在這裡指的是由一組相互關聯的物件所組成的物件集合，它們被視為一個整體以模擬其行為。譬如，你可能想要觀測某台主機、容器或完整的分散式服務。

可觀測性與監控並非相同的概念，它們之間沒有等價關係。可觀測性是一種系統屬性，而監控則是觀察系統狀態的多步驟程序。儘管監控常被人們視為透過資訊主頁和產生告警的措施，但若只是將監控定義為可觀測性的一部分是不夠準確的做法。

從某些角度而言，考慮系統的「不可觀測性」也許更易於為人理解。舉個例子，假想若讀者的客戶遇到了一個麻煩，而資訊主頁和告警系統並未能夠辨別或說明該問題。若基礎資料無法協助你解釋問題發生的原因和方式，那就表明系統缺乏可觀測性。

讀者可藉由評比系統出現的多樣性問題，利用現有資料解答疑難的頻率，以及對問題發生原因解釋為「我不知道」的頻率，來監控系統的可觀測性。

當你希望發現未知問題並改善系統的回應時間，此時可彰顯可觀測性的存在重要性，可觀測性就存在於這些細節之中。

並非每個系統都需要具備可觀測性。例如，如果你只關心某個特定系統是否正常運作，且不試圖調校其資源，你就不需要找出該系統的可觀測性。過度實施追蹤功能，即使進行採樣，就像設定每個衡量指標一樣，只是為了不確定的需求，這是一種不好的做法。

讓我們看一個實際的情況。當我在使用 MacBook Pro 工作時，系統執行效率越發緩慢，該如何找出根本原因？系統日誌預設會蒐集事件紀錄。我安裝了 iStat Menus 可從硬體元件蒐集資料，就能夠一目瞭然地查看 CPU、記憶體和網路的使用情況。除此之外，我並未投入心力於其他監控工具，因此當出現問題時，必須深入研究使用系統工具以觀察系統狀態。

系統的可觀測程度取決於環境的背景。倘若蒐集了系統的每個衡量指標，系統就會變得難以使用。因此，我僅依據需求使用應用程式和系統工具來追蹤問題所在。儘管系統不具備能見度或自動化辨認問題及疑難排解功能，但擁有必要的工具可以找出筆記型電腦上的大多數軟體問題。

在監控社群中，在不同團隊、組織和業界之間，常常因為用詞不斷演變而引發爭議。這種情況表明對於監控（monitoring）和可觀測性（observability）等術語的運用，缺乏共同的語境，以及可觀測性究竟屬於監控的一部分還是包含監控也存在著分歧。當廠商希望行銷他們的解決方案時，可能會使用含義略微差異的相同用詞，進一步增加了誤解的可能性。

因此建議讀者花些時間在團隊中建立共同的語境，以確定在監控術語使用上的共識。然後在評估不同廠商的監控解決方案時，你將更有能力比較各種實行方式並選擇契合團隊需求的方案。

監控的基本構成要素

讓我們藉由認識監控的基本構成要素作為開場：事件、監控和將要蒐集的資料。

事件

事件（event）定義為發生了某事，是可以被追蹤的事實。事件可以是系統、應用程式或特定服務的事件。無論你是否對其展開監控，都會發生這些事件。以下是一些事件的例子：

- 特定時間點的 CPU 使用率。

- 特定程式碼的執行情況。

- 系統管理員關閉應用程式。

監控

監控（monitor）是一種工具，用於定義和擷取重要的系統事件。監控可以分為固定（事先定義且已知的事件）和彈性（尚未明朗的臨時事件）。固定監控是針對已知問題的特定功能進行檢查，無法自訂執行環境。讀者可在固定監控一事上搭配使用事件日誌、CPU 或記憶體使用資訊等。彈性監控則是可以根據需求隨時變更檢查方式。追蹤是彈性監控的一個例子，它可以擷取並記錄事件。比如，可在 Linux 系統執行 strace 來擷取執行程序時發出的所有系統呼叫。彈性監控可在診斷程式問題、評估性能或探索系統運作方式時派上用場。

此外，監控可分為狹義和廣義兩種。狹義監控可將事件定義為單一指令，如觸發的日誌紀錄。廣義監控則可將事件定義為指令集，例如一個網頁請求衍生的多個系統回應請求作業。

監控還可區分為事件驅動型和定期採樣型。事件驅動型監控會在事件發生時立即執行，並在報告期間內對事件進行彙整。而定期採樣型監控則會在固定的時間間隔內執行，蒐集足夠數量的事件再進行統計。

監控的三種資料類型：衡量指標、日誌和追蹤

監控將已設定事件的資料蒐集區分為三種主要類型：衡量指標、日誌和追蹤。監控會自動從系統、設備、應用程式和網路蒐集資料。你可以套用篩選器以限制資料蒐集，或選擇性採樣來進行估算，而非正確無誤地去蒐集所有資料。在第 16章，我們會更深入地探討監控資料的細節。

第一層監控

監控流程包括一系列的步驟：事件檢測、資料蒐集、資料精簡、資料分析和資料呈現（見圖 14-1）。

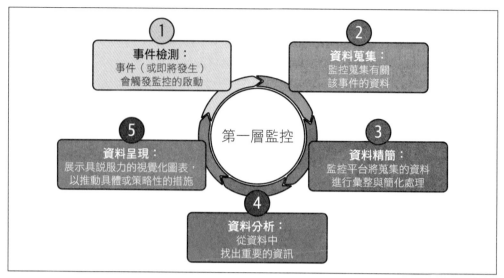

圖 14-1　第一層監控的五個步驟

事件檢測

監控流程的第一步是事件檢測（event detection），事件會觸發監控啟動。此外，某些監控會追蹤即將發生的事件。

資料蒐集

監控流程的第二步是資料蒐集（data collection），監控蒐集有關觸發事件相關的資料。受監控的系統可透過以下方式蒐集監控的資料：

- 定期按排程將資料上傳至中央監控伺服器。

- 根據事件觸發的信號，通知伺服器推播資料。

- 透過健全檢查的方式主動取得資料。

　視環境大小和所測量的內容而定，利用集中式監控系統進行資料推播可能會面臨處理大量監控事件的擴充性問題，並避免對服務性能形成影響或造成事件遺失。

資料蒐集的方式可能會產生觀測者效應。舉例來說，如果每個監控都在午夜時分進行檢查，這種頻繁的資料蒐集可能會耗盡 CPU 或磁碟可用資源，增加網路延遲及引發不必要的告警。

蒐集方法可能會影響監控的內容和方式。譬如，衡量指標通常是以事件驅動的方式進行蒐集，並在一段時間內進行彙整以壓縮資料。

倘若讀者具有的指標能夠代表他人，請確保維護其隱私並取得他們的同意再蒐集資料。對於個人資料和個人識別資訊（PII），也許需要遵循額外的規則和法規，因此切勿在首次追蹤時侵犯使用者的隱私。

此外，在改變資料蒐集的內容或方法時，請勿假設已同意的使用者不會突然變卦。尤其是牽涉從個人使用應用程式中蒐集和記錄的遙測資料，這一點更值得深思。

資料精簡

在第三步裡，監控平台將執行資料的彙整和精簡。雖然資料的彙整和精簡可在資料蒐集階段時進行，但你可能希望將這些活動獨立出來，尤其是針對分散式資料。

監控代理是從多個不同的來源蒐集資料。監控平台可能會將這些資料進行彙整、編輯、排序或壓縮，僅擷取其中的關鍵部分。

對於衡量的資料而言，老舊數據有時會被精簡以利儲存，同時提供一些歷史紀錄以顯示與基線之間的差異。這裡所謂的「老舊」是根據具體情境而定，可能代表幾週、幾個月甚至幾年的時間。舉例來說，對於監控請求計數而言，也許並不需要保留六個月以五分鐘為間隔的詳細數據紀錄。相反地，可以將統計數據進行彙整，以便做為比較的基準，只是無法犧牲解析度來比對原始資料。

某些指標隨著長期使用變得較不具備實用性。但另一方面，存放指標的成本是需要考慮的因素，因此彙整是一種兼顧成本與實用性的平衡方式。

資料分析

在第四步中，分析資料以便發現與業務相關的實用資訊，並採取相對的行動。在此分析過程中，需要確認一組服務水準指標（SLI），以協助你評估系統的可靠性。根據服務類型，可靠性可以從不同角度進行衡量：

- 有效性衡量的是系統按預期運作的時間長度。

- 延遲性衡量的是從來源到目的地端對端請求所需的處理時間。成功的請求與失敗的請求延遲應該分別進行測量。通常失敗的請求可能非常迅速。

- 傳輸量衡量了系統在特定時間內能夠處理的請求數量。

- 耐久性衡量的是資料在長期保護方面的能力；儲存的資料能夠保有完整性和無損狀態。

一旦擁有了 SLI，就可以透過設定服務水準目標（SLO）來確定可實現和適當的可靠性水平，進而評估系統的預期行為。因為提供比你所依賴的外部服務供應商更高的可靠性，相當具有難度且成本高昂，所以在設定目標時必須考慮這些依賴關係。此外，別忽略網路和 DNS 等其他因素。

欲瞭解更多關於 SLO 的資訊，讀者可參閱《*Google's Site Reliability Engineerin*》第四章（*https://oreil.ly/KCy2H*），以及《*The Site Reliability Workbook*》第二章（*https://oreil.ly/acmoK*）。這些章節將詳細介紹 SLO 的概念與實作方式。

讀者可從 Alex Hidalgo《*Implementing Service Level Objectives*》（O'Reilly 出版）深入瞭解有關 SLI、SLO 和錯誤預算的實務應用方式。

資料顯示

監控流程的第五步是資訊的呈現。為了將資料轉化為有意義的資訊，你需要建立視覺化圖表。首先，可將這些圖表組合成資訊主頁，涵蓋已知的瓶頸和高風險區域。接下來，你可以建立其他特設視覺化圖表，以探索可用的資料。

讀者可基於即時離線資料來建立統計圖表。譬如，告警應盡可能接近即時資料，以減少問題帶來的影響。Hadoop 叢集的每一季容量規劃可能會彙整多種資料來源並進行離線處理。

資訊主頁彙整一組視覺化圖表以傳達資訊，並可針對需求量身訂做。舉例來說，你可以根據需求制定一次性的戰略決策，以決定日常維運的方向；或者定期檢視系統以制定戰術方法。這些資訊主頁是驅使行動的產物，輸出成果和資訊應該回饋予各個團隊與組織流程。

第二層監控

系統存在的目的是為了提供特定的服務。監控不僅僅是為了保障系統的「安全」，更重要的是透過支援「何時」及「為何」工作，進而協助你提供組織所需的特定服務。Sidney Dekker 提出了逐漸失靈（Drift into Failure）的概念，指的是系統由於風險遞增而呈現逐漸失靈的狀態：

> 逐漸失靈並不僅僅是指系統元件的故障或失靈，更關乎組織未能有效適應其結構和環境的複雜性 [1]。

Jens Rasmussen 提出了一個以狀態為基礎的模型，將社會科技系統置於該模型的三個邊界之間（經濟衰退、無法接受的工作負荷和可接受的工作效率），用於理解系統在接近這些邊界時所要面臨的風險 [2]。

進一步的批判性分析：雙圈學習，藉由將第一層監控的資料重新納入系統，改善視覺化系統發展方向和系統所呈現的屬性，進而加入第二層監控。雙圈學習建立於領導層的信任，鼓勵人們能夠透過不斷嘗試、分析和反思來獲取寶貴的學習經驗，並在需要時做出適當的調整。

請參閱 Dr. Richard Cook 在 2013 年 Velocity NY 的演講主題「Resilience in Complex Adaptive Systems」（*https://oreil.ly/l1fw7*），該演講介紹了更多有關以狀態為基礎的模型內容。

---

1 Sidney Dekker，*Drift into Failure: From Hunting Broken Components to Understanding Complex Systems*（佛羅里達州博卡拉頓：CRC 於 2011 年出版）。

2 請參閱 Jens Rasmussen 所著的《*Risk Management in a Dynamic Society*》（*https://oreil.ly/ewYMX*），以深入瞭解風險管理建模的相關內容。

總結

讀者需要以資料為基礎的方式來管理基礎架構，並實作監控框架以回應有關系統「何時」和「為何」的問題。監控所提供的資訊可協助你發現問題、改善流程、降低風險、確認資源分配選擇，並制定具成本效益的容量規劃決策。

監控與可觀測性並非相同的概念；根據洽詢的對象不同，你可能會得到不同的結果。可觀測性是系統的一種固有屬性，無論是否處於監控該系統，可觀測性都會存在；而監控則是觀察系統狀態的多步驟程序。監控涉及事件檢測、資料蒐集、篩選、精簡、分析和呈現等一系列步驟。

透過採用雙圈學習並將監控系統的回饋納入系統，能夠令讀者更有效的避免系統逐漸失靈。

第十五章

運算及軟體監控實務

長期支援一項服務會讓你熟悉作業中的警訊，能夠提醒你系統發生的問題。透過檢視事件日誌，讀者可從中迅速獲取有用的資訊。然而，團隊的新進成員對系統缺乏足夠的時間和累積的經驗，因此無法從相同的事件日誌和指標獲取有價值的資訊。此外，如果工作要求僅仰賴日誌和指標來瞭解系統的所有細節差異，那就說明監控和文件紀錄的不足。

假如管理多個系統，必須回答的問題是：你可以監控什麼？何者具有商務價值？你的環境和企業目標是獨一無二的，針對這些問題的答案很可能與他人基本上並不相似。因此，我不會於本章限定特定的監控策略，也不會告知需監控哪四個指標來完成監控設定。

相反地，本章將幫助讀者找出對你來說是重要的監控項目，並提供評估不同工具和框架的方法，協助你思考如何加以運用。監控的輸出必須直接與商務價值相關，以此激發團隊的抗壓性和應變能力。

確定預期的輸出

儘管在規劃監控策略時，許多人首要考量「應該監控的是什麼？」然而，我建議第一個問題應該是「我現在需要的是什麼？」或者「什麼因素導致團隊合做出現問題？」。

在圖 15-1 的上方代表指標顯示一切正常，但顧客對於杯子蛋糕抱持特殊期盼而感到無法滿意。自然而然，系統管理員可以增加巧克力來解決問題。有效的管理需要考量如何蒐集並擷取所需的資料，以及應該使用哪些整體服務水準指標來改變系統的輸出。

在圖 15-1 的底部，系統管理員發覺到缺少一項能夠衡量巧克力濃郁程度的指標。儘管仍有標準指標來核定最終成品，但他們新增了一個監測器，用來測量每個杯子蛋糕的巧克力含量，即可依據顧客的特殊期盼而添加更多巧克力。

現在，他們能夠直接回應客戶的需求並提升其提供的服務價值。

圖 15-1　系統管理員監控其系統的輸出，新增了監測儀，發現巧克力含量不足，並做出相對的回應（圖像作者 Tomomi Imura）

回顧第 14 章監控程序的步驟，如表 15-1 所示。

表 15-1　不同的監控輸出範例

監控程序步驟	輸出
事件偵測	監控
資料蒐集	衡量指標、日誌、追蹤
資料分析	服務水準指標、紀錄平台查詢、告警
資料呈現	服務水準目標、圖表、資訊主頁

監控程序的每一步都會輸出特定的結果。因此，與其考慮要監控何者並著力於事件偵測，倒不如關心能夠改善流程或整體結果的具體輸出（諸如資訊主頁、服務水準指標、指標細節或監控措施）。

當然，在監控程序後續的輸出取決於初期的步驟，因此在規劃專案時，要認清這些相依性的限制，以減少意外疏失和和專案未能如期完成的情況。

現在你已經顧及到不同的監控步驟，請想想應該監控哪些內容。

你應該監控的是什麼？

> 從你所在的地方開始，用你有的資源，做你能做的事。
> —— 亞瑟・艾許

要精確地釐清於特殊場合應該要監控的內容，需要採用綜合性的方法：縮小專案目標範圍，增加成功的機會；為了確定應該監控的重點，透過自我提問來找到正確的問題。接著以逐步漸進的方式進行小幅改動，並常保永續學習的心態。

做你能做的事

監控工作可能會讓人感到千斤重擔，尤其是當你得知需要進行某些改革，而這些改變都需要財務支持和領導階層的認可，也許費時曠日、耗費數月才能實現。永續監控的祕訣在於即刻開始，做你能做的事，使得今日小小的改變成為可能，並不斷朝向更大的目標邁進。監控是一個不斷進行的過程，永遠不會真正「已完成」，因此最好讓自己處於一種持續改善的心態。

我曾參與過許多「落實監控」的專案，有管理層希望迅速取得成果，並儘早完成監控的工作。假如你發現自己處於這種情況，請修正對專案的誤解。縮減監控專案的範圍至能夠成功追蹤的程度，並確保專案有改善的機會。

回想一下第 14 章介紹的六個監控範疇：問題探索、流程改善、風險管理、基線行為、預算規劃和容量管理。當你在溝通專案的範圍時，首要步驟是明確定義焦點範疇。專案涵蓋的範圍越多，專案規模越加龐大且持續時間更長。專案的持續時間越長，越難準確決定結案日期。就像軟體開發情況一樣，應該傾向於採取小幅度異動的監控策略，這樣可以讓你有機會復原或修改那些無益（或有害舉動）的變更。明確地傳達專案目標有助於說服高階管理層接受你所提出的更動建議。

明定你的專案範圍，不要試圖一蹴可幾。縮小焦點範圍，從現有的資源著手，包括評估目前解決方案的優點和問題。想想監控程序的哪些輸出將會得到改善或變更。當你與管理層和同事溝通時，要清楚地闡述目的，避免濫用專業術語（譬如，「改善發現問題的能力來找出網站傳送長尾請求的問題」相對於「修復監控」）不要詳述如何變更專案進度，而是提供對方期盼的成果。

衡量目前的現狀，留意包括當前資訊分析和呈現的執行方式，對監控過程產生有利或不利的影響。或許你蒐集了各種應用程式、作業系統和運算資源的相關資料，但是否能試著建立起彙整所有蒐集資料的資訊主頁？請簡化資訊主頁，將重心擺在對客戶最要緊的內容，因為你無法留心每一件事，即使試圖做到如此地步也可能會妨礙你發現不利於客戶的重要問題。進行如此的檢視能協助你找到最為關鍵的範疇。

假設讀者正在嘗試實施探索式監控，以便具備分析未來趨勢或效能問題的能力。在此情況下，可能會希望建立一個最起碼的概念論證，讓自己能夠集中展示商務價值的領域。

請將問題記錄於工作追蹤系統，因為這些資訊能夠令你的監控評估提供更加全面與完善的內容。例如每次傳訊給值班工程師，但問題最終未被解決，表示程序需要改進的地方很多。倘若缺乏文件化的工作，可能無法著重於最重要的改善措施。

重要的監控指標

讀者可能看過 Rob Ewaschuk 所著的《*Site Reliability Engineering*》（O'Reilly 出版）一本書，其中第六章（*https://oreil.ly/HqYFQ*）提到四種黃金訊號：延遲（latency）、錯誤（errors）、流量（traffic）和飽和度（saturation）。除了這四個黃金訊號之外，還有推薦幾種常見的監控方法：

- RED 方法，係由 Tom Wilkie 提出針對微服務架構的計量和監控模式，鼓勵對每個資源進行以下監控：

  — 請求速率（每秒傳送請求的數量）

  — 請求錯誤（傳送失敗的請求數量）

  — 請求持續時間（請求所花費的時間長度）

- USE 方法（*https://oreil.ly/H4N9E*），這是由 Brendan Gregg 提出的一種系統效能方法論，鼓勵對每個資源進行以下監控：

  — 資源利用率（資源忙碌的時間百分比）

  — 資源飽和度（資源需要處理的工作量，通常指佇列的長度）

  — 事件錯誤（錯誤事件的數量）

假使從使用者的角度由上而下觀察自身的環境，建議採用 RED 方法。另一方面，倘若從下而上的角度出發，並將重點集中於對使用者影響較大的資源，則建議使用 USE 方法。

也許讀者注意到這些訊號並不足以囊括你所關心的環境問題。沒關係！黃金訊號僅為一個起點，並不適用於每個環境。我在這裡的目標是鼓勵你自行決定哪些項目為最需要監控的重點，並傳授讀者制定決策的能力。

規劃監控專案

首先，從審視待解決問題的相關特殊系統架構開始著手。這可能是一個擁有不同元件的單獨系統，或者是一個擁有眾多應用程式的複雜服務。在進行這些程序時，你可以更新架構圖。請自問以下這些問題：

- 使用了哪種作業系統（包括具體的發行版、版本、修補程式和安裝的軟體套件）？

- 是否存在網路存取控制清單（ACL）：子網路設定為何？

- 流量情況如何（例如，每秒的請求數量、請求類型和資料的讀寫情況）？

- 使用了哪種類型的運算環境（如運算規模、何種類型？使用哪些具體設定）？

- 我的運算基礎架構當初如何建立、設定和進行更新？

- 是否有一個應用程式服務層來處理請求？

- 系統正執行哪些各式各樣的服務？

- 資料如何儲存？可以有多個資料存放區。

- 是否有後端資料庫？若是有的話，使用了哪種資料庫軟體、軟體版本和資料庫 Schema？

- 是否需複製資料到次要位置？

- 是否備份資料？

- 是否具有資料處理流程？作業方式採用串流還是批次處理？

- 是否具有負載平衡器？是哪種類型的負載平衡器？

- 是否具有特定的使用者 API 終端？是否存在使用者不應使用的系統級 API 終端？

- 快取機制在哪些地方啟用？在應用程式層級、資料庫內部、記憶體、外部 CDN，或是使用者瀏覽器的內部設定？

- 是否具有訊息佇列功能？

在自行管理的基礎架構環境，隨手可用的工具常常在無伺服器化平台上無法使用。因此可以查看系統整體健康狀態，但深入發掘特定問題可能令人費解，甚至徒勞無功。

監控無伺服器服務可能需要與開發函式、應用程式或容器的軟體工程團隊進行額外的協作。對於函式而言，所有在函式執行呼叫時所需的程式碼皆需要與函式部署綁在一起。你需要編寫並提交監控程式碼到專案儲存庫，以便與函式的程式碼一同部署。

在檢視和評估環境時，想想以下問題：

- 我的環境遺漏哪些與事件相關的資料？

- 我正在蒐集哪些的資料？

- 我應該停止蒐集哪些資料？

你也許偶爾會在監控看到多項重複的訊息，但有時是出於不同的用途而設計，且細分程度也有所差異。若監控的用途各異，則刻意重複的監控訊息仍在容許範圍內。例如，假使一個事件會傳送大量警告訊息通知給值班工程師，可能會對警告訊息疲乏（對嘈雜的訊息習以為常），因此應排除重複的訊息。

評估並記錄各種作業系統、系統層級、網路和應用程式監控提供的必要監視資訊，你一定不希望因疏忽而刪除重要的監控。有時隨著監控的漸趨完善，刪除監控似乎是簡化和降低儲存成本的輕鬆方式。若讀者僅關心單獨的能見度範圍（如問題探索），也許會錯過其他監控存在的原因（譬如預算規劃或容量管理）。

切記，監控和觸發告警的項目之間存在著差異。考慮不讓某些事件發出警告。持續完善正在處理的工作，別把事情想得太過簡單；從現有的資源開始解決問題。若是沒有進行監控，那就是待解決的首要問題！

請思考 TCP/IP 底層及網路頻寬是否會限制一段時間內估算的指標和日誌的總數。把所有用於監控的工具和腳本備註起來，將重複的監控訊息及其用途記錄成文件。另外，留意重新監控而改善儲存和網路成本的區域範圍，同時注意記錄視覺化圖表中令人費解或分散注意力的內容。

或許還遺漏了其他需要評估監控的地方，但別因此分心而試著找出所有缺少的監控，因為那是一個規模龐大的專案。相反的，請針對系統的特定焦點範疇提出具體評估。

前言曾經提到，可靠性衡量的是系統在特定目的下穩定表現的能力。欲衡量可靠性，必須瞭解系統的用途和基本預期。每個基礎架構元件均有不同的方法來評估可靠性。

案例研究：檢查訊息佇列

讓我們來看一個評估系統內單獨元件可靠性的例子：訊息佇列（message queue）。回想一下第一章所述，訊息佇列包含事件生產者、佇列、代理人和事件消費者。根據實現方式，當蒐集測量可靠性的資訊時，請顧及以下幾個方面：

訊息存放

    儲存的訊息數量。

訊息延遲

    一個特定大小的訊息從產生（生產者）到處理（消費者）需要的時間有多長？根據系統的架構，也許需要多個指標來涵蓋單獨區域和跨區域的情況。

訊息傳輸量

    指的是在特定時間內傳送和處理的訊息數量和速率。

消費者延遲

    指的是等待被事件消費者處理的訊息數量。

連線負載

    指的是系統內的訊息生產者和消費者數量，以及系統支援的同時連線數量。

熱門主題

    指的是請求率較高的主題。

限額

    如果實施限額來約束熱門主題請求率，請留意在接近限額時的限制。

配額

    當然，你還希望蒐集系統報告的任何錯誤訊息。

訊息佇列軟體依據其架構往往具有特定的應用程式指標。此外，底層的運算基礎架構可能還有其他重要的指標。

> 這只是系統內的一個單獨元件，如果對元件的每個地方都設定警告，當發生問題時或許會產生重複的警示。根據使用的監控框架，通常會提供標準的建議或資訊主頁，以呈現你所蒐集的數據。舉個例子，Datadog 是一個監控和分析平台，提供了一個 Kafka 資訊主頁（*https://oreil.ly/s8K3R*）。

倘若尚未實施監控，這些建議也許是一個相當好的起點。但你才是最清楚自身環境內所有系統的專家，可以進一步分析哪些資料具有商業價值。

設定警告時應斟酌的哪些內容？

在過去，系統管理員通常基於系統衡量指標來設定警告訊息，例如低 CPU 和記憶體使用率或請求延遲，而非直接關係到使用者的體驗。不巧的是，專注於系統指標可能會帶來過多的工作量和日常工作的干擾。

在我過去曾管理的大型環境裡，這些情況可以是收到網頁通知，指示發生磁碟故障、高 CPU 使用率或某台虛擬機停止運作。而且，當服務出現真正的問題時，會發出多個警示。在釐清問題原因時，又必須確認收到的這些警告。在正常的工作天裡，這些濫發的警訊又成了另一種干擾。然而在夜晚，這些干擾可能會嚴重破壞睡眠品質。在當時不得不令人接受這些事，令人感到十分沮喪。在規劃期間內，這些干擾被視為對系統沒有實質影響，因此無人感到急迫性而必須修復底層的問題。

那麼，該如何擺脫這種警告陷阱呢？瞭解系統的重點為何？哪些問題需要迫切修復？對於每個警示，即使未理解其根本原因，也應清楚地瞭解故障所導致的影響。呈現導致警告的資料，使值班工程師能夠採取適當的下一步措施。

根據環境的評估，系統應該會產生資料，即可使用這些資料來衡量系統的狀態和相關的持續指標。建議檢視這些資料，找出與使用者相關的體驗，並適合作為服務水準指標（SLI）或服務品質測量的候選項目。比如針對 web 服務，從使用者的角度來看，衡量服務品質的標準也許是網頁能否即時完成載入 [1]。

---

[1] 如果你正在經營網站，就需要理解網頁載入時間的重要性。Pingdom.com 提供了基於網頁載入時間跳出率的數據分析（*https://oreil.ly/m82hX*）。

就像監控策略的其他部分一樣,你應該不斷改善警告設定,以便從系統獲得新的資訊。

 來談談警告問題。越早觸發警告越有利。當你對頻繁出現的警告習以為常時,人們開始忽略警示或停用它們,而這些調整可能在眾多工作中被輕忽,進而導致更嚴重的系統故障。

有時可透過在系統設計過程融入故障處理機制來避免警示。例如,系統可能會自動提供降級服務而非發生錯誤。雖然你仍希望進行監測,但系統於凌晨 2 點仍然能夠為客戶提供服務,因此傳呼服務毋需在該時段向你發出警報。

一旦從 SLI 確定適用的可靠性水準,就可以制定相對的服務水準目標(SLO)。首先,SLO 需要與你目前的環境相符以反映目前系統狀態。接著當你在改善系統效能的同時,也可以更新這些 SLO,以反映更高的可靠性目標。SLO 可以是你所設定的具體目標值,或是可接受值的範圍。舉例來說,對於前面提到的範例,該 web 服務可能設定了一個 SLO,即「99% 的 web 服務請求應在 1 秒內順利完成」。

根據團隊目前的狀態，你可以對這些指標進行調整，提高或降低相對的數值。譬如，對於那些花費過多時間在維護工作以保障網站運作的團隊，將 SLO 目標調低，並將工程週期用於改善正在使用的系統，可能具有重大的意義。

 誠如第 14 章所提及，Alex Hidalgo《*Implementing Service Level Objectives*》這本書是學習 SLI、SLO 實務應用和錯誤預算的絕佳資源。

檢視監控平台

早期的監控對於當今平台和監控假設構成了長遠影響。其中第一代監控平台為 Nagios（*https:// oreil.ly/oDQsk*），屬於開放原始碼軟體，提供監控和警訊功能，並包含社群提供的外掛程式（*https://oreil.ly/FdZRS*）。許多系統管理員利用 Nagios 進行主機監控和系統告警，然而當時並沒有現成的軟體套件和設定參考，也缺乏基礎架構即程式碼和 GitHub 的使用指南。雖然 Mark Burgess 已經提出了 CFEngine，但它乏人問津且未受人們採用。

在安裝 Nagios 之前，必須先下載 Nagios 的原始碼， 並設定軟體和編譯。執行系統的設定相當複雜，倘若設定錯誤，可能會搞砸你的監控系統。若你的監控伺服器缺少監控功能，則可能很難找出網站或服務是否正常運作。

你要為每一台主機設定相關的服務和特定的檢查項目。這些檢查項目是部署到系統內的事件監控。隨著系統複雜性的增加，Nagios 的限制會讓使用者感到氣餒。其中一些限制包括：

- 重複告警導致過多的通知。
- 若處於動態環境，則無法輕易更新靜態設定（例如每當 IP 位址異動，必須重新啟動 Nagios）。
- 容易忘記重新開啟已被消音的警報。
- 人們常忘記在排程內的停機時段將警報消音。
- 難以維護檢查項目。
- 缺乏全面的整合服務檢查。

儘管存在這些缺憾，Nagios 使系統管理員能夠在需要提供支援之前就發現問題，進而有助於降低客戶支援的相關成本並提高商務價值。

 注意，目前仍然有許多企業環境在使用 Nagios。透過現代化的整合，例如與 PagerDuty（*https://oreil.ly/u35Bz*）[2] 等事件處理服務平台的整合，可實現告警系統的最佳化。

隨著社群分享推薦的監控措施，監控平台得以不斷改進，進而出現新的實踐方式並著力於監控程序的特定範疇。平台越來越複雜且瞬息萬變，需要直接參考這些平台的資源，以獲取最新的資訊和操作指導。

沒有一種通用的解決方案能適用於監控程序的每個步驟，所以根據專案的具體需求，選擇能針對每個步驟提供解決方案極為重要。可以選擇自行安裝和管理監控軟體，或者利用諸如以下的主機代管解決方案：

- 指標蒐集（如 Prometheus、Graphite、InfluxDB、Datadog、Azure Monitor、AWS CloudWatch 和 Google Cloud Operations）

- 資料視覺化（如 Grafana 和 Kibana）

- 告警管理（如 PagerDuty、Opsgenie、VictorOps 和 xMatters）

- 日誌管理（如 Splunk 和 Humio）

- 資料分析（如 Google Data Studio）

遴選監控工具或平台

選定監控工具或平台的棘手之處，或許相當複雜且充滿情感因素。對於主機代管的監控解決方案而言，相較於組織自訂的方案，可能會被視為成本較高的選項。個人或許會對資安層面的讓步而抱有疑慮，因為日誌可能存在未被充分濾除的個人資料。當資訊總監（CIO）或技術總監（CTO）聽聞花俏且具有說服力的市場簡報，並決定組織將依據特定工具而實行監控，他們或許對目前的系統環境缺乏

2　該整合方案是利用 Perl 封裝函式庫將 Nagios 與 PagerDuty 進行整合（*https://oreil.ly/v9fBp*）。

具體的瞭解。面對上級主導的要求，你的首要任務是查明當前監控工具或平台的使用現況，並評估其是否能夠相容。

假設你所管理的是組織自訂的監控系統。在如此情況下，會是一個向領導階層爭取強化系統暨擴編預算（資源與時間）的好機會，以便利用當前的解決方案，評估並排除阻礙團隊實施現代化監控策略所遭遇的瓶頸。然而維護自訂系統會妨礙到替組織打造契合企業理念的系統。此外，它需要專門的知識，而該知識可能無法轉化為業界其他較常見的技能（常使人陷入懷才不遇的困境）。

為了實作監控平台（無論是自行管理還是透過主機代管），往往需要多種工具搭配，而非僅依靠單獨工具來滿足所有需求。這裡有兩個絕對原則：

- 別只是因為其他人都在使用某種工具而盲目跟隨。

- 在選定工具以前，要確定你的目標和預期的成果。

當評估監控平台時，若是希望追蹤、顯示和分析已蒐集數據的固定監視項目（如希望依據已知閾值來設定特定事件），你可以斟酌以下問題：

- 如何蒐集指標資料？

- 使用哪種資料模型進行指標蒐集，以及資料如何儲存？（不要對資料的儲存方式做出臆測。僅因為發生了特殊監控事件，不代表該事件的相關資料會依照之後查詢指標數據準確描述的方式進行儲存。）

- 是否可以查詢原始資料？是否需要學習不同的程式語言，而且它是否類似於團隊已經熟悉的其他語言？

- 如何處理逾期的資料？

- 需要哪些整合？是否有需要與工具搭配使用的第三方服務？是否有現成的整合工具可運用，例如 Slack 或 PagerDuty？

- 此工具是否能夠使用外掛或混合模組進行擴充？

- 對於應用程式監控，應用程式採用的程式語言是否支援儀表資訊？（即使開發人員負責在他們撰寫的程式碼中嵌入監控功能，你仍然需要瞭解實際狀況以及如何進行監控。你可能需要提供輔導，包括指導開發人員在程式碼嵌入哪些監控功能，以及如何運用具體的監控工具。）

- 事件的資料檢測、蒐集、簡化與呈現需要多快？

當考慮到監控平台的資料蒐集層面時，需要意識到資料解析度的難題。在建立能夠在短短數秒內回應客戶需求的平台和服務時，需要進行毫秒級監控。如果監控系統只能以一分鐘間隔取得數據，那麼採樣會存在誤差，很可能無法準確反映客戶的體驗。

另一項難題是需要連結和整合來自不同的應用程式、系統、地區或主機代管資料中心的數據，來找出問題並予以除錯。時間是相對的，尤其是沒有執行 NTP（網路時間協定）的話，相互關聯事件的時間戳記就會出現很大的差異。

假如考慮使用主機代管服務，請先調查下列事項：

- 與設定管理系統的整合。

- 臨時實體的成本：根據服務的計費方式以及執行個體的計算期間，臨時實體可能會產生額外費用。

- 測試整合的可行性。

- 非生產系統與生產系統的隔離。

在視覺化方面，不要局限於監控平台提供的功能。舉例來說，利用 R 和 D3 等工具，一旦能夠存取原始資料，即可建立視覺化的效果。每個工具根據監控的內容都有其優勢和劣勢。

讀者也許希望重溫第 10 章，運用精簡資訊的技巧以傳達含義，並推動你的系統達成預期目標。

總結

本章介紹的框架係用於評估和規劃監控項目以滿足組織的需求。關心讀者希望達成的監控範疇：問題探索、流程改善、風險管理、基線行、預算規劃和容量管理。在單獨的專案實現這些全部的目標不切實際，必須縮小專案範圍，與利益相關者明確溝通具體內容，並包括對當前系統使用現況的評估。

一個可靠的系統應該能夠長期維持正常運作，只在出現異常時才會發出警訊通知。服務水準指標（SLI）可協助你定義關鍵指標的基準，以及與客戶影響相關的結果。藉由確立適當的服務水準指標（SLI）來定義服務水準目標（SLO），進而設定對系統效能的期望值。SLO 可以成為一個有價值的視角，確保客戶希望看到的詳細結果與團隊管理的後端技術細節能夠妥善地維持同步。

如今市面上已出現提供各種監控流程的多功能產品，倘若組織利用自行開發的工具，現在或許是時候認真考慮採用主流的方法了。此外，請考量如何將這些不同的工具進行整合，來為你和利益相關者呈現系統可靠性和永續運作的全貌。

第十六章

管理監控資料

五百年前，水手們發現在船尾拋出一條繩子就能計算船隻的速度。他們用一條繩索以等距方式打了許多繩結，並把一根木頭綁在船尾。首先，他們會把木頭扔到海裡，然後計算 28.8 秒內繩子上的繩結有多少個，以此來計算船的速度。接著他們會把觀察到的速度（節數）記錄在一本航海日誌中。

這些航海日誌成為重要的參考資料，記錄了每天的資訊和重大事件，包括航速、航向、天文觀測、天氣事件、船員資訊、造訪的港口和維護紀錄，對於公海的航行安全相當重要。此外，航海家們在未來的航行中使用這些日誌，瞭解目前的天候條件，就能決定如何航行並安全到達目的地。最後，倘若發生船難事件，這些航海日誌都將成為呈堂證供。

如今的計算不再使用繩索，但仍舊沿用日誌的習慣，包括衡量指標和追蹤紀錄。因此，好比水手們使用航海日誌來記錄海洋航行中的速度和位置觀察一樣，你身為這些系統的「領航員」，利用衡量指標、日誌和追蹤等手段來記錄系統的狀態，並進行預測。本章將協助讀者管理監控資料（衡量指標、日誌和追蹤），作為日後瀏覽當前和未來系統狀況的重要一環，並在事件除錯當中提供歷程紀錄。

什麼是監控資料？

午夜過後，已經很晚了，但這時電話打來，系統故障問題正在發生，團隊已經試圖解決問題有好幾個小時了，但他們陷入困境，現在你也被捲入其中。請問你應該從哪裡開始進行？

答案是從監控資料開始。監控資料是你決定蒐集有關系統所有事件的資料。這些資料可以是衡量指標、日誌和追蹤的形式。它可以是暫存或保存到磁碟上，可以是連續或罕見的。正如在第 14 章討論的那樣，蒐集這些資料有很多原因。

有效的監控資料管理講求資料是不可以變更的，一旦建立就不能再修改；對於儲存的時間長短有明確的原則，並且在需要時可以存取正確的資料。

在採用衡量指標、日誌或追蹤時，需要權衡一些利弊問題。

衡量指標

衡量指標（Metrics）是指對感興趣的事件內容進行衡量的標準。大多數系統的衡量指標是帶有時間戳記的數值，以計數器或量測計的形式表示。例如，你可以蒐集網路服務每秒的請求數來評估網站受歡迎的程度。

量測計（gauge）是反映某個時間點的值，但它不告訴你有關先前測量值的任何資訊。

計數器（counter）是累積值，反映過去某個時間點以來的事件。當計數器達到上限或下限時，它可能會重頭開始計算。例如使用計數器每隔一段時間進行測量，並在另一段時間後重置。還可以根據某些系統事件（例如重新開機）或請求來重置計數器。

讓我們來看看量測計和計數器之間的區別。汽車的速度表是一種量測計，告訴你正在以多快或多慢的速度行駛，可以利用這些資訊來瞭解你是否在遵守限速。另一方面，汽車的里程表是一種計數器，告訴你一共走了多遠，你可以利用這些資訊的指示來做出預防性的動作，如更換輪胎和換機油。

對於每個正在評估的監控平台而言，請仔細檢查提供的衡量指標類型，因為採用方式將影響如何蒐集和儲存有關事件的資料。例如，假如平台過早地減少或匯集資料，可能無法提供足夠的資訊進行除錯。另一方面，如果資料減少和匯集時間過晚，監控流量可能會癱瘓你的網路，進而影響網路效能和服務品質。

日誌

日誌（Logs）是可追加、不可變更、帶有時間戳記的事件紀錄，用於保存系統上的活動歷程。比方說，系統開機和關機、服務開始和停止、網路活動等，皆是日誌記錄活動的例子。當你需要知道電腦上發生了什麼事情時，就要靠日誌來提供這些資訊。如以下的例子：

- 系統啟動時，你的作業系統會負責檢查過時和不適用的硬體裝置，如軟碟機、數據機、印表機、傳真機，若未檢測到這些硬體裝置，則報告會列出「警告」或「錯誤」。

- 一個定時作業每隔 10 分鐘運行一次，並將其執行狀態記錄到系統日誌中。

- 一個背景程序每天忠實地在配置檔中記錄錯誤數千次。

通常，日誌是非結構化的格式，其檔案格式無法替欄位提供前後文或涵義。對於什麼樣的活動應該記錄到日誌檔案中以及如何結構化，每個人都有不同的想法。雖然每個語言或應用程式都存在某些慣例，但人們不見得會遵守。

以時間戳記為例，假設應用程式以不同的日期格式（例如 YY/MM/DD、MM/DD/YY、DD/MM）記錄日誌，還有時區和夏令時間的調整。從不同日誌檔案中整理一系列事件的日常工作，變成了你最喜歡使用的腳本語言規則表示法的語法摸索之旅。此外，只有事件的時間戳記日期格式最詳細：如果日期時間精確度沒有到 1 秒以下，則快速排序許多各種來源的事件將變得棘手。

請參考 Graylog 技術系列中介紹不同日誌格式的一篇文章，名為「日誌格式：完整指南（Log Formats—A（Mostly）Complete Guide）」（*https://oreil.ly/Xim6V*）。

結構化日誌

結構化日誌具有鍵值的格式，使得電腦更容易處理資料，但對人類來說更難閱讀。應用程式配置的更改可能會影響顯示的欄位，但不影響現有解析日誌的腳本程式。

結構化日誌允許應用程式使用任意文字來描述事件，但要求使用定義的欄位清單以及統一的資料類型。例如，日期時間以 UTC 編碼方式精確到微秒或更小。日誌管理軟體以使用者友善的格式來呈現時間戳記，這樣更節省空間。像「Thursday, May 4, 2017 6:09:42 AM GMT-04:00」這類的文字時間戳記長度為 42 個字元，但在 Unix 紀元時間裡，則為 1,493,908,962,000 微秒，可以編碼為 4 個位元組的十進位整數。

早期的系統管理員能夠嫻熟於閱讀一系列日誌文字，但對於現在管理複雜的系統來說，這種方式不敷使用。首先，在個別日誌檔案中，不一致的地方太多，維護用於分析這些多行文字的工具是一項永無止境的任務。更要命的是日誌太多，沒有人能夠全部看完。

現今的作業系統提供了日誌框架，其中包含結構化欄位的索引資料庫：systemd-enabled Linux 發行版的 journald、macOS 的 Apple System Log （ASL），以及 Windows 的 Windows Event Log。

追蹤

追蹤是一種特殊形式的日誌記錄，供人查看運行中的系統。追蹤（trace）涵蓋了詳盡的資料，透過系統描述一個事件的（有序的）來龍去脈。提供追蹤功能的工具包括 strace 和 tcpdump。

分散式追蹤

分散式追蹤是一種特殊形式的追蹤，它賦予應用程式計量工具，在不同系統之間提供豐富的日誌和衡量指標，以便連結系統之間相關聯的資料。

下列是現今產品網站回應使用者請求所牽涉的事件順序（簡化版）：

1. 瀏覽器將網站 URL 解析為 IP 位址。

2. 瀏覽器發送網路請求（例如 HTTP、HTTP/2 或 QUIC）。

3. 伺服器回應（例如成功代碼 200、用戶端錯誤代碼 400、後端伺服器錯誤代碼 500），並提供靜態資源，例如圖像、CSS 檔案和 JavaScript。

4. 瀏覽器開始顯示頁面。

5. 瀏覽器發出其他請求。

精通技術的使用者可以利用瀏覽器的追蹤功能來逐步查看此類請求的各個元素，依據每個請求階段所花的時間和任何報告的錯誤來提供相關回饋。

對於系統，你需要部署計量程式，以明白在請求處理期間發生了什麼事。但無法保證你能夠從自己的瀏覽器複製使用者所經歷的情況，也不能保證精通技術的使用者能夠提供瀏覽器詳細的追蹤資訊。

> OpenTelemetry（*https://opentelemetry.io*）是一套開放式標準，針對軟體中的遙測功能提供工具、API 和 SDK 組合。在 OpenTelemetry 中，所謂跨度（span）是一個擁有名稱和時間的操作；多個跨度構成一個追蹤。

選擇你的資料類型

有關系統正在做的事以及需要它們下一步做什麼，取決於你蒐集、儲存和探索監控資料的方式。由於大多數的衡量指標是數值，故針對儲存、處理和分析大量數據，對衡量指標進行了最佳化。因此，衡量指標非常適合用於資訊主頁、歷史趨勢和系統整體狀況。然而它提供的相關資訊有限，導致降低了儲存它們所需的總資源數量。此外，它們具有一致的格式，因此可以隨時輕鬆估計所需的儲存成長空間。

日誌為你提供更多蒐集的相關數據，但它們在儲存空間上佔用更多空間，並需要更長的處理時間。而追蹤會在每個事件中提供最詳盡的相關資訊，並需要最多的儲存資源。在日誌和追蹤之中，資料可能會遺失。利用可靠事件記錄通訊協定（RELP）的日誌紀錄庫雖然可以改善訊息傳遞的可靠性，卻增加了公司基礎設施的成本，可能會產生重複的訊息。

對於像 RELP 這樣的通訊協定，可靠性成本的增加可能只有在金融數據、計費、付款或滿足規章制度時才是值得一用的。

在選擇所需資料類型時，還應考慮以下要點：

- 測量每日容量並考慮尖峰值。
- 你需要保存資料多久的時間？
- 你要如何使用這些資料？
- 你需要即時監控嗎？（要求低延遲。）

保留日誌資料

未限制的日誌資料會不斷成長，直到儲存的磁碟填滿為止。傳統上，解決這個問題的日誌管理方法包括如下：

- 定期依次替換日誌檔案。
- 壓縮較舊的日誌。
- 在日誌達到一定期限或大小的門檻值時，就刪除日誌。

不幸的是，某些服務不適合輪換日誌，如果允許的話，它們將繼續寫入「舊」日誌。因此你的日誌輪換工具需要運用邏輯方式，在需要的情況下強制軟體在日誌輪換時重置自身。由於日誌輪換通常每天發生一次，倘若應用程式出現異常，它可能會在每日執行清除工作之前填滿磁碟，需要手動介入來解決問題。

現在的日誌管理框架會自動處理日誌輪換，允許管理員設定簡單的規則，例如「最多使用 10 GB」或「至少保持 5 GB 的可用空間」。此外，假如一個服務突然產生大量的日誌事件，框架會根據需要採取行動，以確保始終遵守規則。

分析日誌資料

在傳統的日誌裡想要找到特定詞彙，代表要在文字編輯器中打開日誌，或者使用 grep 等命令列工具在檔案中搜尋事件。當然，隨著日誌檔案的成長，這種方法慢

如老牛拖車。按照時間範圍、主機或其他規則來過濾事件都是可以的，但運用規則表示法（regular expression）來建立複雜的搜尋篩選器是必要的技能。

當日誌框架是一個資料庫時，可以建立類似使用 SQL SELECT 語句的查詢，使用任何索引欄位作為篩選器。使用索引資料庫時，資料的組織方式使得即使在大量的事件資料中，也可以提高隨機存取分散資訊的效率。例如，「顯示自昨天以來所有嚴重等級為 WARN 或更高的事件」或「顯示上一次重新開機之前的事件」；甚至可以透過查詢詳細的記錄事件視圖來進行追溯除錯。

大規模監控資料

現在，你已經匯集了所有這些資料，需要一個框架來瞭解你的系統在做什麼。

記錄和顯示正確的資訊是至關重要的。回想一下第 14 章提到的可觀察性，它是系統的一個屬性，意即能夠從監控中瞭解系統操作有多少。提高系統的可觀察性是一個反覆的過程。如果這是你在系統中的第一個監控項目，那麼只能依靠團隊的經驗和直覺作為指導，這是沒有問題的。隨著你對系統的經驗增加，請務必將這些知識納入你的資料流程（data pipeline）中。

事後的事件檢閱是評估監控資料的一個絕佳時機。請考慮以下事項：

- 有多少的故障排除是透過查看監控資料完成的？這些都是你的成功案例；在這些情況下，數據節省了你的時間和精力。

- 根據已經蒐集的資料，你還可以做多少事情？這些都是展示資料的機會。在合適的情況下加入額外的資訊主頁、警示或其他視覺化方式，從已有的數據中獲得更多幫助。

- 因為必要的資料不存在，哪些故障排除步驟是臨時進行的？你是否能夠以某種方式取得這些資料？也許事件已經蒐集但沒有被儲存，或者可以進行其他設定來增加日誌的詳細程度。如果你的組織負責開發相關的軟體，為達成更佳的檢測效果或預防此類事件，是否應該加入額外的日誌功能？

儲存和分析監控資料成本高昂，特別是在日誌和追蹤方面，因此請定期檢查你的資料以確保其仍然具有價值。可以透過減少蒐集參數或增加更多樣本來節省費用。

存取控制和資料管理是成熟的日誌管理項目的另一個重要考量因素。也許你首先將日誌匯集給系統管理團隊，每個人都可以存取所有內容。在這種情況下，你不需要嚴格的存取控制需求，但如果系統成功地為你節省了精力，消息就會傳開；很快地，其他人也會希望分享這些好處。日誌通常包含敏感的資料，將所有內容與每個人分享是不恰當的。隱私要求將決定誰可以存取包含個人資訊的日誌。根據資料的性質和你的環境，還可能適用資料的生命週期策略。你可能只被允許保留某些日誌一段時間，或者至少需要保留其他日誌一段時間。

總結

關於工作系統，你的監控資料是重要的資產，它提供了事件的歷史紀錄以及事件的成功和失敗。有效的系統監控應該包括蒐集正確的數據，以有效的方式儲存資料，自動刪除無關的資料，使用系統化的方法進行分析，並呈現有關系統運行的資訊。

衡量指標是以資訊主頁和計數器所呈現的資料，它們提供了系統在某一時間點上運行的狀況，並以圖表形式呈現出隨時間變化的趨勢、模式和不規則現象。日誌是軟體記錄事件歷史的方式，而追蹤則是一種特殊的日誌形式，能夠對系統運行的特定方面提供更詳盡的瞭解。對於瞭解系統行為、理解事故的根本原因，以及對系統未來發展進行預測而言，日誌和衡量指標的實用性極高。

監控的資料和其他資料一樣，需要慎重管理。隨著時間一分一秒的過去，監控資料的存檔將不斷成長，你需要注意它所佔用的儲存空間。利用監控資料來研究系統上所發生的事件，檢閱資料如何幫助解決問題，並瞭解需要彌補的地方。瞭解系統事故可能是一場真正的挑戰，唯有透過悉心調校的方式來監控資料，才能使你的工作更能得心應手。

第十七章

監控你的工作

不要將困難與價值混為一談。生活中有許多困難的事情，僅僅因為你努
力拼搏，不代表能追求到豐碩的成果。

── 詹姆斯・克利爾

在我從事維運工程的職業生涯中，遇到了一個困擾著這一行許多人的挑戰：曝光
度不足。當我的影響力被邊緣化或被誤解時，實在令人心寒。找到合適的敘述需
要正確的衡量指標來說明那些事情。而且，我從來不會把程式碼行數或解決問題
的次數作為評估自身影響力的指標。

在業界，我們開始認識到永續系統的重要性。一個系統的健康狀態會影響個人的
健康，而個人的健康反過來又會影響所管理的系統。本章說明了監控工作的重要
性，這樣讀者就可以提高自己的效率，就像管理你的系統一樣。對於系統和你自
己而言，能夠提高一致性和可靠性，達成永續管理的目標。

為什麼要監控自己的工作？

監控你自己的工作是為了明確協調，並共同找出適當且有價值的工作。此外，將
蒐集的工作資料進行視覺化，有助於展示你的工作內容，而不僅僅是使用完成的
任務和專案列表。

不幸的是，外在壓力可能會迫使你在錯誤的時間上做出錯誤或正確的決定。有時候你可能會受到期望的驅使；你的身分和自我價值往往與特定的工作緊密聯繫，而這種工作可能無法促使你成長或把握住新的機會。

監控工作提供了一種機制，它會在你達到職業瓶頸時發出警訊。反覆做同一件工作可能會導致進步停滯，特別是當你不喜歡這項工作時；或是你擅長這項工作且沒有其他人願意承擔責任時，這種情況很容易發生。

 在工作中停滯不前是指你在這份工作上已經做了 10 年，但你並沒有 10 年的經驗。當你去面試新的工作時，面試官希望看到你擁有 10 年不同的經驗，展示你的成長，而不是只懂重複性的任務管理。

如圖 17-1 所示，當你的工作採用視覺化處理時，就更能發掘你的技能和才能如何與你喜歡的工作相契合。它也可以幫助讀者知道在哪些方面需要專注於技能發展和能力提升；同時，假使對工作感到無趣，也可以幫助你看到為什麼你會對目前的工作心懷不滿。

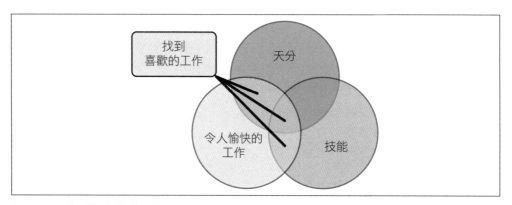

圖 17-1　找到你喜歡的工作

身為系統管理員，你可以在職業生涯中從事許多不同類型的工作；主導你自己的職業道路，而不是任由工作期限和緊急情況左右你的方向。

當你記錄自己的工作時，方能有效利用時間[1]並見證你的成功，提升你對工作的掌控：

- 感受到操控性和自主性。

- 找對有意義的工作。

- 責任感。

- 瞭解自己的能力和專業知識。

監控工作的影響

監控你的工作對其他方面也會產生影響，請思考下列幾點：

- 在團隊層面上，透過監控自己的工作，可以看到同事在重要任務和專案上的進展，從而建立更堅固的合作關係和信任。

- 藉由衡量和支持長遠的做法，團隊工作的曝光度有助於使團隊免受英雄主義的影響。

- 在公司層面上，監控你的工作有助於提供團隊層面的評估性，並改變維運的方針，從孤立的系統管理員到獲得更多的合作和視覺回饋。

使用看板來管理你的工作

有許多不同的辦法可以監控和共享你工作的進展狀況。其中一個方法是使用看板（Kanban，源自於日本的詞彙），用來傳達視覺訊號；最初由工業工程師大野耐一（Taiichi Ohno）於 1940 年代為豐田汽車公司開發的一種視覺化工作流程管理系統。

---

[1] 推薦讀者從 Thomas Limoncelli 的《Time Management for System Administrators: Stop Working Late and Start Working Smart》（O'Reilly 出版）一書中學會如何有效管理時間。

個人採用看板與團隊規劃和使用看板的情形，兩者有所不同；在團隊中，沒有人可以決定團隊該如何運用看板。反而是團隊流程應該支援並整合每個人的需求，人們應該參與設計並運用管理他們工作的看板。

看板的核心作用在於瞭解你現在所處的環境和當下狀況，並提供改變管理方式的機制。關於個人看板，以下規則將幫助讀者朝這個目標邁進：

- 從你現在正在做的工作開始。

- 同意逐步進行改變。

看板的核心原則是組織和管理工作的指導方針：

- 透過在看板上記錄自己的工作，將工作流程視覺化。

- 限制同時進行的工作（WIP），好專注於完成已開始的工作。

- 管理工作的流程，監督其進度並瞭解完成任務的速度。

- 透過評估關於你工作的數據來持續改進，找出需要改進的領域，減少降低工作速度的瓶頸。

將工作分成數個階段，讓你可以在大致時間內完成。注意，這只是估計，沒有人期望你能準確預測未來。與其使用具體的時間數字，倒不如使用反映估算的「T恤尺寸法」，有益於避免誤用或誤解時間的估算。在表 17-1 中，可以看到將工作時間區分為不同長短的範例。

表 17-1　任務規模之估算

規模	時間長短
XS	<1 小時
S	<4 小時（最多 1 天）
M	<8 小時（最多 2 天）
L	<20 小時（最多 1 週）
XL	>L（屬於專案，不算是任務）

譬如，將使用者加入到一個系統中可能屬於「XS」大小的任務。根據環境的複雜性，將一個新使用者加入到所有系統和服務中，可能算是一個「S」大小的任務。設置一個新服務需要將其拆解為多個任務，包括設定系統帳戶，這可能屬於一個大型任務，或者比一個任務更廣泛的工作。

專案的時間範圍更廣，應該要有不同的規模分類。表 17-2 顯示我如何對專案大小進行估計。

表 17-2　專案規模之估算

規模	時間長短
S	>1 週
M	>1 個月
L	>1 季
XL	>L

假設有個重要升級必須在 1 月 1 日前完成，你估計這個專案的大小為「Large」。根據這個估計，假使等到 12 月 10 日才開始工作，你就無法按時完成需求。有一種方式可以視覺化這個需求，使你能夠對非緊急、非重要的請求進行回應，以避免影響專案進度。

在團隊中使用專案規模，便可以和外部利益相關者進行討論。若有額外的工作需求，即可根據當前正在進行的工作來優先處理任務和專案。

一旦讀者能夠估算任務規模的大小，便可以進行大致的比較，準備將任務記載到卡片上。具體做法是替每個任務建立一張卡片，在卡片上註明有關任務的資訊（如名稱、估計範圍、工作類型）。這些卡片可以利用不同的顏色表示不同類型的任務，還可以加入其他資訊，比如工作的價值（包括商業價值、客戶需求、員工導向）。此外，建議和一位業務利害相關人交談，進一步瞭解他們追蹤的關鍵指標，懂得如何分類你的工作以便評估其影響。

商業需求和客戶需求往往牽扯在一起。某些事物對於企業來說是必備的，卻不符合客戶的利益。此外，你可能發現某些關鍵工作對公司而言不具商業價值，要是忽略你認為重要的所有事情，肯定會心有不甘。唯有找對任務來提供公司最大的價值，並維持身心的付出才是上策。

你可以從一個具有三欄（待辦、進行中和完成）的表格開始，代表一個基本的工作流程：

待辦

這一欄反映了你的待辦事項清單，你所接下的一些任務。

進行中

所有你已經開始但尚未完成的工作。

完成

已經完成的工作。

日後讀者可能希望改善看板上的排列方式，以利準確衡量工作流程並找出改進的地方。首先思考一下如何完成任務和專案。工作階段應當依照各欄方式來擺放，就能清楚看到任務和專案有不同的階段。舉例來說，假設你經常發現你的工作進度被別人卡住，你希望盯住這個瓶頸；換句話說，你需要等待別人完成任務的下一步，或者你想看到同時有多少個任務被卡死。

有了看板和卡片之後，根據任務的階段將記事釘選在適當的欄位裡。現在可以查看你的待辦事項、進行中的任務和已完成的工作。

接下來開始動工！當有人交辦你做某件事情，你開始進行一個任務或者完成一個任務時，卡片便代表著各個階段中的任務進度。

不要忘記追蹤關於工作的衡量指標。這些指標可能需要你親自在試算表中更新，或者由你選擇的工具提供。幾個星期之後，回顧已完成的工作，評估你所取得的成就，接著細究一個可能的改變，以提高自己的效率。

選擇平台

有眾多的工具可以用來追蹤和視覺化你的工作，客製化程度不一，包括 Trello、Atlassian Jira、GitHub Projects、Kanbanize 和微軟的 Azure Boards。每個工具在成本、蒐集的指標、資訊主頁和 API 整合方面各有所長。若是有個平台沒有整合的指標，則在開始時就要手動估算工作，才能得到做出改變後所影響的資訊。

 在為團隊選擇工具時，要瞭解沒有一個平台或技術是完美的，特別是當多個團隊需要使用它時。有時根據成本和在組織中的曝光度，在工作流程上必須做出一些妥協。管理高層需要意識到這種影響，盡可能幫助團隊面對差異，並認識到無論選擇了哪種工具，都比不上人們做事的重要性。

譬如 Scrum 通常不是系統管理員工作的理想方式，不過許多人嘗試讓團隊強行導入這類工作模式，因為企業已經在使用 Scrum。倘若團隊不是已經在採用 Scrum，那些套用 Scrum 風格的專案和任務管理工具將令人心灰意冷。

沒有一個通用的清單能夠替你決定選擇哪種工具，因為每位系統管理員的職責和工作方式各有差異。然而，以下是一些需要考量的因素：

預算

如需自行支付工具的費用，也許你會考慮免費選項（例如 GitHub Projects 或 Google Sheets）。

現有工具

假如團隊已經在執行工作追蹤，你可能打算採用現有的工具。另外，讀者可能還在使用其他工具，可以輕鬆支援工作導入視覺化工具。

功能

每個工具都有不同的功能；有些工具在指標蒐集和視覺化方面比其他工具更出色。

另一個功能是用於整合 API。在過去，我曾經利用整合 API 從 Bugzilla 抓取數據並存放到 Leankit 中。Leankit（如 Board、Cards 和 User）和 Bugzilla（如 Product、Bug 和 User）之間的基本概念不同，於是我編寫了腳本程式，將這些概念對應到 Task、Project 和 Goal。若是少了 API，就無法進行一對一的對應，而且必須等待 Leankit 提供該功能。

以下是一些額外的問題，有助於讀者做出決定：

- 你能查詢原始資料嗎？是否需要學習一種不同的語言來存取原始資料？倘若無法以有效方式檢索資料，那麼，把大量資料放入系統是沒有意義的。

- 資料是否會過時？

- 需要哪些整合呢？是否需要和第三方服務合作？有現成的整合可用嗎？

- 此工具是否能夠透過外掛或混合元件（mix-ins）進行擴充？

- 有哪些報告或資訊主頁可供使用？

- 能夠以多種方式對任務進行分類（例如使用標籤）嗎？

即使平台上沒有直接提供額外的報告或資訊主頁，若能提取出原始資料，並利用其他工具建立必要的報告或資訊主頁，對於目的而言或許足夠。

找出令人感興趣的資訊

一旦運用管理系統來追蹤任務，便可開始分析蒐集到的資料。再次強調，根據使用的任務管理工具和追蹤任務方式，可以搭配不同的指標和視覺化工具。

來瞧瞧「待辦、進行、完成」看板（表 17-3）中令人感興趣的資料。

表 17-3 「待辦、進行、完成」看板的指標類型

處理類型	定義
速度	任務從待辦、進行，到完成所花費的時間，又稱為前置時間
能力	在單位時間之內完成的任務總數
負擔	正在進行的任務數量，又稱為 WIP
效率	同時進行的任務與速度，又稱為利特爾法則（Little's law）

透過蒐集指標（如速度、能力、負擔和效率），你會發現一些需要注意的事情：

變動性

追蹤每個任務類型的處理速度，能夠幫助找出工作變動的地方。對於變動性低的任務，比較能夠估算完成一個交辦任務所需的時間。

追蹤所做的任務類型有助於監控工作的停滯問題。在這種情況下，隨著時間的流逝，變動性較低意味著你應該考慮其他的工作，以確保職業成長。

過多的工作同時進行

追蹤工作負擔可以看出進行了多少次的任務切換，這會影響你完成工作的速度或整體任務完成的能力。

品質和效率的平衡

在進行一項活動時，必定要在研究和準備（品質）所耗費的資源（時間、努力和素材）和執行（效率）花費的資源（時間、努力）之間做出取捨，稱之為效率品質取捨（ETTO）原則[2]。當優先考慮能力時，效率比品質重要；若優先考慮結果的品質時，品質比效率更重要。

假如花太多時間在思考如何解決問題，或許就沒有足夠的時間來完成工作，你會錯過下一個任務。另一方面，行動太快而沒有仔細的思考，可能會準備不周，或者沒有足夠的資訊來達成任務。

讀者可以瞭解和分析每個任務的調整方式，以系統化方法來處理該任務類型。另外還要檢視特定類型的任務並留意以下情形：

- 需要較長時間完成的特定任務類型。
- 對於經常受阻礙的任務，要找出瓶頸所在。
- 面對工作中經常放棄的任務要求時，請降低其優先順序和緊急性。
- 遇到有趣（或有問題）的任務，若能以不同方式對任務進行分類或標記，需衡量工作的心理負擔以及這些任務對整體效能的影響。

2　請參考 Erik Hollnagel 所著的《ETTO 原則：效率和品質的權衡：為什麼事情有時會出錯》一書（2009 年 CRC Press 出版）。

- 拿捏學習或練習特定技能所花費的時間，盡可能改善自己在某個領域的技能。

總結

只要拿出追蹤工作的辦法，肯定希望整個團隊都能支持這個方法。與團隊合作，使每個人的工作都能被看見。

我將在第 21 章分享更多關於如何監控團隊的工作。你需要整合眾人和不同的觀點來完成工作，讓每個人聚在一起分享他們的願景，幫助視覺化跨團隊的合作，從而更加瞭解並避免長時間的等待或浪費的工作。

更多資源

建議透過閱讀 Dominica Degrandis《*Making Work Visible: Exposing Time Theft to Optimize Work and Flow*》一書（IT Revolution Press 出版）（*https://oreil.ly/va8cC*）來瞭解如何管理你的工作，並找出可能改進流程的領域。

第五篇

調整系統的規模

本書最後一篇將探討如何準備調整系統的規模（無論是擴充還是縮減）。想要知道何時與何種情況考慮進行系統的變更並不容易。雖然經驗可以在不同環境派上用場，但依賴這些經驗只會徒增規劃上的偏見，最終做出錯誤的決定。與其試圖做正確的事情並達到完美，倒不如在系統中建立防護機制來防止預測的失準，以期系統可以永遠適合屬於系統一環的人們。

使用者期望的景象已然發生了變化，明顯出現客戶（不）滿意的地方。為了維持（潛在）使用者的信任，讓系統有成長的機會，需要做以下的事情：

- 規劃容量。

- 彈性的值班實踐方式。

- 強化事件應變能力來處理你發現的問題（更糟的是當使用者發現問題時）。

- 賦予權力和培養學習的領導能力。

第十八章

容量管理

容量管理是根據客戶需求和商業價值使系統輸出最大化，同時讓支援系統的人力成本最小化的一種程序。從過去來看，系統管理員較偏重於調整系統佔用率，以維持系統存取的即時性（低延遲時間），或者減少系統批次處理的作業時間。在現今環境中，系統管理員可能較重視增減資料中心的資源區、雲端服務上的應用程式，或者混合環境中的兩者。

本章將說明容量和容量管理的定義，並有系統的協助讀者瞭解容量管理的規劃程序，這將有助於處理有關容量管理中不同工程任務的優先順序。

什麼是容量？

在定義容量管理之前，需要談談容量的意義。容量不僅僅是 CPU、磁碟或記憶體的絕對值，容量的定義還包括在維持品質和效能標準的同時，所產生的可測量值。

容量在系統中並非是確切的測量結果，而是基於你所掌握資訊的一種近似值。隨著客戶使用系統一段時間，累積的經驗有助於瞭解系統的容量，使容量調整更加得心應手。

根據讀者支援系統有關的具體指標，容量有不同的衡量方式。在描述系統時，有若干個定義容量的方式：

設計容量

在設計或評估系統架構時，可根據使用過的工具或以往的經驗來估計潛在最大的輸出值，此估計值就是該系統的設計容量。舉例來說，可以對一個網站進行基準測試，結果顯示它支援一千名使用者同時登入。

生產容量

當你的系統面臨實際正常的運作條件時，就能測量到真正可能最大的輸出值（考慮所有的運作限制），這便是生產容量（production capacity）。當一個系統處於運行狀態時，依照該網站在正常運作條件下的使用情況來看，就有資料可以進行觀察，是評估系統容量的好機會。比方說，在部署的生產系統當中，在達到一千名使用者同時登入之前，系統開始出現明顯的緩慢。該網站的生產容量是支援八百位使用者同時登入。

有效容量

當系統處於正常運作條件下，並考慮現實世界的限制（由於季節性或經濟事件引起的影響），最大輸出就是你的有效容量。例如，在聖誕節過後的促銷活動期間，你注意到系統容量出現一連串的降低，導致同時登入的有效容量為三百位使用者。

在描述容量時，請具體指明正在測量或分析的是設計容量、生產容量還是有效容量。容量限制是約束系統輸出的資源，能夠幫助你思考可能的故障場景。這些限制有時被稱為瓶頸，通常是系統首先出現故障的地方。系統中的容量限制可能是來自於底層服務的相依性、特定硬體資源，或是可值班人員所產生的限制。根據事件風險來看，可以規劃是否接受或需要減少限制。

容量管理模型

只要系統管理員沒有被繁重的工作壓到喘不過氣，容量管理會是系統管理員可能專注的工程領域之一。容量管理的某些部分是日常性的工作，而其他部分則是中長期的設計和規劃項目。

降低維運成本固然是容量管理的模範做法，然而容量管理的目標並不在於此。容量管理的目標是透過以下行動來平衡資源成本和客戶需求：

- 隨著知識的日積月累，較能掌控成本的增加和減少。

- 確認有足夠的人力和資源可以支援新專案和當前專案的變更。

- 找出在假日、特殊活動、特定稅季以及選舉期間，容量的週期性變化。

在進行容量管理時，瞭解管理系統的商業價值非常重要。若不懂得實踐容量管理，將導致錯過截止日期、失去機會和客戶流失。請參考圖 18-1，瞭解容量管理的四種資源組成部分。

圖 18-1　容量管理模型

讓我們更仔細地看一下這些不同的組成部分，首先是採購。

資源採購

根據各公司規模的行為和結構，採購流程皆有所差異。小公司可能會因為訂單規模較小而付出更高的設備或資源成本，但好處是審核門檻較低；而大公司時常涉及多個團隊，並經過重重關卡的審核批准後方能開始採購程序。

在規劃資料中心時，要顧慮間接成本、長期硬體成本和供應鏈限制。雲端環境雖提高了可靠性，但也許會出現不受約束的複雜成本。

資料中心與雲端環境的設定複雜度差異極大。例如資料中心的設定和硬體交貨的延誤時間較長，而雲端供應商的服務幾乎是立即開通。

無論環境如何，請自問下列的指導性問題：

- 需要多少效能和可用性？是否可以改變？
- 靜態執行個體或伺服器的成本，是否高於每月或每年自動擴展或縮減選項的成本？
- 建置的容量是用來應付活動的高峰期還是日常負擔？

採購理由

瞭解採購流程有助於告知你的請購程序。倘若交貨時間過長，在要求資源之前，可能需要事先準備前置作業，以證明請購的必要性。假如資源能夠隨時提供，你可以延後說明採購的理由，直到準備好進行相關的工作來部署資源。與採購部分一樣，組織內部為申請採購資源所需的流程，從臨時性到非常正式案子在申請細節上有所不同，之後由評審委員會評估提案的可行性。

哪怕公司環境不需要正式的審查流程，明白這些資訊同樣重要，對於理解高層所做的決策有莫大的裨益，包括考慮的因素和最終被捨棄的因素。情況會發生變化，也許以前不合適的解決方案會更適合未來的專案，或當前專案有新的方向。同理，記錄特定解決方案的捨棄原因也很重要，或許其中存在著他人應該避免的基本缺陷。

建議記載下列項目：

- 在不瞭解狀況的情形下描述你的問題。
- 描述可能的解決方案。
- 解釋讀者選擇該解決方案的原因，譬如：「有了這些資源，我預計在特定的數量上會有很大的改進，預估增加收入或商業價值」。
- 提供有力數據，解釋原因以及具體數據。
- 考慮其他潛在的限制因素和成功的風險。

管理

資源管理涵蓋了從部署到停用的完整資源生命週期,並根據資源類型和使用的自動化程度而有所不同。資源的生命週期有助於制定一系列與業務目標一致的行動。

如圖 18-2 所示,就受管理的實體基礎架構中的硬體而言,需要在購買硬體之前考慮到供應、配置、部署和最終除役等問題。

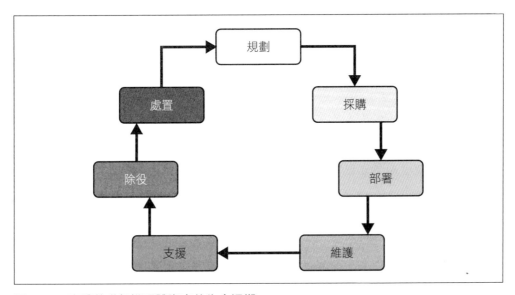

圖 18-2 實體基礎架構硬體資產的生命週期

以下是硬體資產生命週期的所有階段:

規劃

  規劃硬體購買除了要考量目前擁有的硬體外,還要考慮到空間大小、冷卻系統和電力需求。

採購

  在決定了硬體設備之後,依照硬體可用性和符合規劃的廠商價格來決定是購買還是租賃。在伺服器、儲存設備和網路設備方面,若和廠商之間建立牢固的合作關係,必能獲得最吸引人的價格和硬體所需的支援。

部署

一旦採購設備到貨，必須驗收系統是否符合指定的規格。也許有不同的團隊負責將實體設備部署到機架上，或者這可能是讀者的工作職責之一。

此階段必須安裝所需的作業系統和必要的更新。通常硬體設備在生命週期初期，會依照「浴缸型曲線」的規律性而發生零件不良的故障情形，此時可以進行一些燒機測試，以檢驗系統不會過早出現異常，系統的行為符合預期結果，且零件效能沒有變差。

最後是安裝和部署必要的軟體和服務，使系統正常運作。

維護

依照需求去更新作業系統並升級任何硬體，以便支援所需的服務。

支援

監控硬體是為了檢測問題，滿足服務的任何期望來進行維修，代表協調支援或根據需要從實體上進行硬體更換。

除役

確認某個硬體設備不再使用並從運作的系統中撤除。這會是一個漫長的過程，這是為了確定是否還有對系統的任何存取。

有時候服務必須換上新的硬體設備來取代舊硬體。在擴充和縮減系統架構時，若以無縫接軌方式分別加入新硬體和移除舊硬體，將使得設備的除役和部署程序更加輕鬆，亦對終端使用者的影響降到最低。假設必須關閉系統才能完全移除硬體，這對終端使用者必定產生某種程度的影響。

處置

一旦從系統中淘汰並停止使用某個軟體（無論任何情況，假如公司都不再需要的話），你需要善後處理硬體裝置。除了確保系統上沒有敏感資料外，讀者可能還需要研究有關處置設備的特定法律和法規。

在規劃硬體需求時，通常會考慮擁有三至五年壽命的一般硬體。部分原因是由於硬體技術的進步，使得伺服器的成本降低。另一方面，系統軟體的改版也可能使得舊硬體無法支援目前的作業系統。

至於儲存設備等特殊的硬體，其生命週期的變化略有不同，成本從數萬美元到接近一百萬美元不等。除此之外，維護和支援是額外的成本和長期投資。

通常 IT 部門隸屬於財務部門，因此會計折舊計畫逐漸地出現在 IT 政策之中。

組織可能會使用不同的折舊策略，甚至可能還需要遵守特定的法律 / 稅務指南，但昂貴設備分攤多年的費用通常相當於三至五年的折舊計畫。

容量管理之硬體故障規劃

請思考一下「浴缸型曲線」，即兩側陡峭且底部平坦的浴缸形狀的曲線，如圖 18-3 所示。

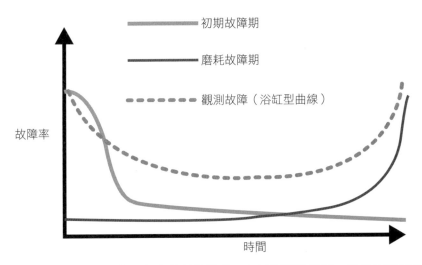

圖 18-3　硬體隨著時間變化所發生的故障階段，包括初期故障期、偶發故障期和磨耗故障期。

這個模型描繪了隨著時間所觀察到的硬體故障情況。實體資源通常會經歷以下三個階段之一：由於產品缺陷而導致的初期故障期、在正常使用期間的偶發故障期，或由於硬體老化而導致壽命結束的磨耗故障期。觀察到的故障率

將遵守此浴缸型曲線的規律，早期容易出現大量故障問題（請確保在非生產環境利用燒機來測試是否故障），並在生命週期結束時增加（請確保監測硬體的使用年限，並預先計畫進行更換）。

即使一個系統仍然在發揮作用，就像一輛老車一樣，為了完全避開故障問題，有必要評估繼續維修的成本是否超過更換它的成本。

在基礎架構策略中實施優質的硬體管理時，將會面臨人員配置、工具可用性以及混合環境複雜性等挑戰。維運的工程團隊往往人手不足，導致沒有足夠的時間發展有效管理硬體的好辦法，例如硬體到貨後延誤部署，或者無法及時淘汰老舊的系統。

另一個挑戰是缺乏投資或高效的出色工具。通常要用試算表來設計資料中心（包括冷卻系統和電源），以及管理廠商關係和存貨（從實際硬體到纜線），進而妨礙組織內部的合作、溝通和資訊交流。

在混合環境中，一部分基礎架構部署在公司內部，一部分由雲端服務供應商管理，因而增加額外的複雜度。倘若內部缺乏管理必要服務的知識，這種情形尚可接受。

請參考圖 18-4。對於雲端服務，考慮這種修改過的資產生命週期。服務供應商負責實體機架、堆疊架、設備安全性、維護和系統處置。階段如下：

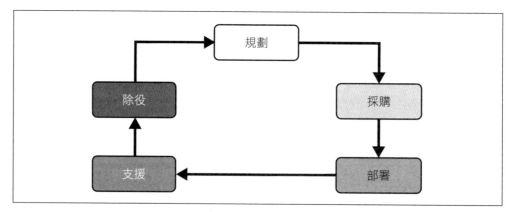

圖 18-4　雲端資產生命週期

規劃

此階段著重於找出特定的雲端服務（如指定的機器類型或預留容量和即時需求）並評估預算。

採購

不需要規劃一次性的花費支出，而是按個人或團隊設定預算，以調整支出並善用組織的購買力。建議與不同的雲端服務供應商建立關係，找對符合業務需求的服務。

部署

在雲端環境中，需要撰寫基礎架構程式碼來供應、檢驗和部署必要的雲端資源。

支援

藉由仔細監控使用中的系統，可以發現節省成本的地方。評估、監控和修復軟體及底層的安全性漏洞需視使用的服務而定。讀者或許也會成為與服務供應商協調支援的主要聯絡人。

除役

與其擔心將實體主機的價值最多維持三至五年，不如將執行個體設定為存活所需時間，消除正在執行且無法增值的雲端資源。請利用設定原則來關閉和取消不再使用的資源。

遷移到雲端有助於減輕維運工程團隊的壓力，使他們能夠專注於管理基礎架構的相關實務。由於能夠輕易地快速提供資源，對於正在使用的視覺化資源來說相當重要，以防代價昂貴的錯誤。

最後請看圖 18-5。無伺服器化（Serverless）是一種結合雲端運算、儲存和網路的特殊解決方案。在無伺服器化環境裡，供應商會處理掉許多的環節，使得資產生命週期管理變得更精簡。

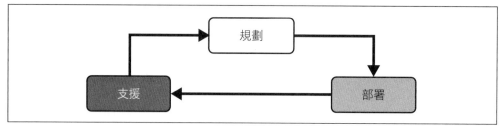

圖 18-5　無伺服器化資產生命週期管理

規劃

　　需要研究和設計所需的架構和服務，以達到預期的體驗效果。

部署

　　需要部署所有的設定、應用程式、相關服務和監控的儀表資訊。

支援

　　負責確保使用者能夠從系統獲得益處。當出現問題時，需要利用日誌和追蹤
　　來處理和除錯問題。

監控

資源監控是指監控正在使用的特定資源，以平衡資源成本、客戶需求和商業價
值。關於容量管理的領域在第四篇已做詳細介紹。

容量規劃架構

應考慮根據不同環境來記錄容量管理元件，因為基本程序在團隊和組織之間可能
有所差別。雖然我無法具體說明它們的內容，不過會提供一個架構，指導讀者在
瞭解環境流程和政策後所能做的事（如圖 18-6 所示）。

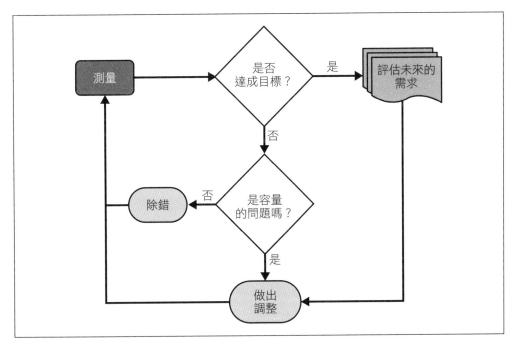

圖 18-6　容量規劃程序架構

請看圖 18-6 的步驟：

1. 針對系統內評估對象的所有元件，來測量其當前的工作負載。

2. 根據需求去評估是否達到服務水準目標（SLOs）。

3. 假如達到目標，請花些時間推算未來的需求（例如是否有新的運算技術可以取代目前的需求）。

4. 若未達到目標，請評估是否存在容量問題。有時在更改容量之前，需要解決其他問題；也許存在調整設定最佳化的方案能夠改善效能問題。

5. 如果是容量問題，確定可以進行的變更有哪些，並套用其中一個變更，以觀察其影響。確保相關團隊充分理解有關變更的資訊，以幫助導正未來的決策。倘若缺乏正確的評估而無法獲得充足資訊，則評估方式就該修正。

組織策略如何影響規劃

一般組織使用三種主要策略來評估未來需求：領先策略、落後策略和跟進策略。這些策略中的任何一種皆能幫助指導和優先考慮行動，並減少摩擦。

在領先策略中（lead strategy），看到系統需求增加的訊號時，你會想要增加容量。此種策略通常用於公司內部的資源管理，彌補無法快速變更以反應需求超過容量的情況，因為訂購和硬體交貨的時間可能會有很大的變動。假設使用者需求在增加容量後未能湧現，將增加間接成本。

落後策略（lag strategy）的重點在於出現需求後才去滿足需求。若是無法及時滿足需求，落後策略可能會增加失去客戶的機會，並對公司的信任或信心產生影響。就小公司本身的資源管理而言，落後策略並不現實，因為訂購和取得硬體設備需要花費冗長的時間。在大公司裡，可以從公司內部的其他團隊將資源分配給各個團隊。當那些受重視的專案沒有進行充分的容量管理，並在暗地裡「竊取」資源時，導致一些團隊誇大估算他們所需要的資源，造成資源分配的衝突，進而減少其他專案的資金挹注。

跟進策略（match strategy）試圖在領先策略和落後策略之間取得平衡，隨著需求來逐步增加容量。舉例來說，根據預測的未來需求，可以預先擴充部分的容量，其餘容量則等待需求實際出現時再行增加。

落後策略的另一個專有名詞是*即時生產法（JIT）*，用於資源分配。在 JIT 生產方式中，不需要維護零件庫存，而是根據生產需求來即時生產並獲得所需的零件。如此一來不但降低成本，減少不必要的庫存，還能提高獲利。然而此等效率必須依靠對未來需求的準確預判；不正確的預測將打亂整個供應鏈。

考慮到 COVID-19 疫情大流行對全球供應鏈的經濟影響，我們可以見到像衛生紙這類產品短缺的情況出現，不代表人們開始使用更多的衛生紙；辦公室和學校並非需要商業用的單抽衛生紙，而是消費者想要更多的家用衛生紙。造紙廠需要一段時間方能從商用衛生紙的生產轉向到家庭用衛生紙的配送；與此同時，大賣場貨架上空蕩蕩，而商用衛生紙的倉庫卻是堆積如山。

在評估容量規劃需求時，必須思考影響預測的變數，考慮如何對意料之外的需求變化作出反應，以制定應急計畫。

你的雲端運算需要容量規劃嗎？

即使採用雲端服務，仍需要制定明確的容量管理策略。即使面對提供動態擴充和縮減的服務，至少需要關心資源管理和監控。請考慮以下限制：

* 新資源啟動時間。

* 由供應商依照所選的執行個體類型來設定資源上限。CPU、網路和儲存使用量會受限於初始配置中所選擇的限制。儘管在某些情況下可以更改這些限制，不過需要停機時間，取決於雲端服務供應商。某些限制必須聯繫雲端服務供應商進行調整，解決的時間也會不一樣。這和雲端一切都基於 API 且即時的想法恰好相反，服務供應商為了盡可能滿足平均使用案例，因而設下了某些限制。

* 管理的資料儲存設定限制。雲端服務供應商建立了分層的服務方案，簡化一些調整資料庫大小的管理挑戰；然而你需要更多彈性，這會是你始料未及的。付費較高的方案通常涵蓋更多資源管理的細部調整，仍需要選擇具體的功能，例如分片（sharding）、複製或負載平衡，而這些選擇可能非常昂貴。為了合理配置資源，請遵守下列容量規劃的流程步驟：

* 雲端服務供應商本身的容量限制。假設在某個規模可以根據需求加入更多資源，因供應商實際可用的硬體限制而造成了失敗。

* 外部相依性設定可能受到其他限制或欠缺動態擴充與縮減的功能。如閘道和代理伺服器等。

對於根據實際需求進行動態調整，雲端運算使之變得更加容易。工程需求可以做出更細微的調整，來更接近需求的變化，並告知員工更改核心基礎架構的影響。

服務供應商對服務設下了不同的限制。儘管服務供應商負責擴展的問題，但個人仍需瞭解相關服務的相依性和所有這些服務的限制。假如沒有監控，很容易違反這些限制（例如 AWS 函數和層級儲存的最大限制為 75 GB）（*https://oreil.ly/jmOPe*）。

總結

未來會如何誰都無法預料;部署新資源總需要些時間,而過度建置易使成本上升。容量規劃是將資源與組織的需求相結合的一門藝術與科學,以符合未來預期的需求,同時不去限制系統發展潛力或造成過多的開銷。

在顧慮系統容量時,請參照下列步驟:

1. 確認需求,並描述特定資源如何滿足該需求的理由。

2. 採購資源,包括維護資源所需的任何開銷。

3. 監控資源。

4. 透過資源的生命週期對其進行管理。

容量規劃對於監控所有資源都很重要,包括實體系統和雲端系統,但採購特性各有不同。關於硬體系統,取得和部署新設備皆需要時間;通常根據需求的改變來擴充或縮減系統的規模尤為困難。對於使用雲端服務建立的系統來說,調整規模可以自動化進行;如若不密切注意,很容易使預算超支。有效的容量規劃需要持續評估和調整程序。

更多資源

以下是有關管理容量的其他資源:

- 詳情請見 Arun Kejariwal 和 John Allspaw 的《*The Art of Capacity Planning: Scaling Web Resources in the Cloud*》(Pragmatic Bookshelf)一書來瞭解有關網站容量的規劃。

- 請參閱來自 Capital One 的 Kevin McLaughlin 在 Velocity 2016 紐約的案例研究,標題為「Is Capacity Management Still Needed in the Public Cloud?」(*https://oreil.ly/MHR8v*)。

第十九章

培養隨時待命的應變能力

支援服務或系統最顯著的責任是隨時待命和管理影響的事件。在告警系統不斷干擾的狀態下，你可能無法抽出時間或精力來有效改善系統的基礎架構。極端情況下，在非值班期間，你不希望想起任何有關工作值班的經歷，因為完成專案工作才會帶來更愉悅的心情。在本章裡，我提出了建構一個具應變能力的框架概念，旨在及早為定期值班做好準備，以應付處理隨時可能出現的問題所帶來的挑戰和壓力。

什麼是隨時待命？

隨時待命（*On-call*）是一種臨時人員的值班角色，包括在白天上班時間之外（如夜晚、週末和假日）亦可維持聯繫的狀態，以回應支援請求並處理發現的系統警告。當你要隨時待命時，你是負責這項工作的其中一員，並需要承擔一段特定時間內的責任。依據團隊的規模和分佈情形，輪班包括每天 8 至 24 小時全天候的排班，持續一到兩週以上的時間。

在不同的組織裡，隨時待命職責的範圍相當廣泛，從應用程式異常到停電等各種狀況，應有盡有。或許你是負責回應服務離線或提供呈報支援的人員，需要查明網站為何在半夜時突然無法連線，或在檔案伺服器出現當機時需要急忙還原備份。有些隨時待命是針對偶發的事件「以防萬一」；而在其他情況下，通知異常事件的傳訊頻繁，感覺就像是一份全職工作。通常情況下，隨傳隨到和中斷性的工作會被併入到同一個工作安排中。

許多因素導致隨時待命的做法難以持續,是因為這種做法會把系統管理的工作變成任務導向的工作,限制了發展空間。其中評估問題嚴重程度和處理問題優先順序的兩個主要因素無法契合。

當個人評估問題存在的嚴重性過高時,即便已有可行的臨時解決方案,他們或許仍會被要求立即解決問題;將問題的嚴重性評估設定過低,會導致無法優先處理影響多人的問題,使系統維運團隊難以確定問題處理的優先順序。錯誤的做法包括:

- 一律優先處理中斷的事件。
- 未對收到的問題進行分級處理。
- 未將相同問題的重複報告進行合併。
- 未清理已知的問題來排除重複報告的可能性。

理想情況下,我們應瞭解並分享請求的緊急程度和問題的影響,包括以下問題:

- 有多少人會受到影響?
- 是否有令人滿意的解決方案?
- 資料是否面臨風險?
- 對組織造成的商務影響會是如何?
- 對客戶造成的商務影響會是如何?

讓我們來探討一些工具和技術,藉由改善值班的程序,進而提升你的應變能力。

人性化的值班程序

我曾經也是過來人。深夜的緊急通知打斷了我的睡眠,多年來每每在酣睡當中倉皇地醒來,深怕自己錯過任何一則重要的訊息。無論是放棄休假,錯過用餐時間,或者只能吃剩餘的冷披薩,這些早已是見怪不怪;只因我們正在解決一個對組織營收有著重大影響的事件,需要全力以赴。錯過家庭和朋友聚餐的戲碼經常上演,而親戚們也早預料到我會再度放他們鴿子。隨時待命的煎熬和經歷多麼令人刻骨銘心,長期以來,我在人際關係、身心健康方面都受到了打擊。我放棄了那些可以協助改善情況的舉動,因為無法找到一勞永逸的解套辦法。

然而事情尚有轉圜的餘地。雖然對公司有職責在身，但也要為自己和健康著想。你可以成為一位負責任且心細的員工，即使在待命期間，亦能維護自身的權益，並與朋友和家人皆保持良好的互動關係。

在接下來的幾個小節裡，我將分享適合長期值班的工作建議，從開始值班待命前的準備步驟，直到值班待命期間的注意事項和交接班會議。接著將你的流程和我描述的建議互相比較，採用對你較有利的方式。

檢查你的值班待命原則

理想情況下，值班規則應該有明確的文件紀錄。如果沒有明確的成文規定，當我對原則寄予厚望時，就會提出以下問題：

- 值班期間或在日常工作以外的時間，公司是否給予相對的補償？包括值班待命和緊急出工的報酬，例如特別休假時間或其他形式的加班費。

- 團隊如何確定請求的處理優先順序？如何得知哪些問題必須於非工作時間搞定？按照優先順序處理請求，明確定義影響重大和迫在眉睫的案例，才能夠引導有力的合作共識。

   利用圖 19-1 將請求的類型進行分類。緊急和影響重大的項目之處理順序，要優先於影響輕微和較不急迫的項目。

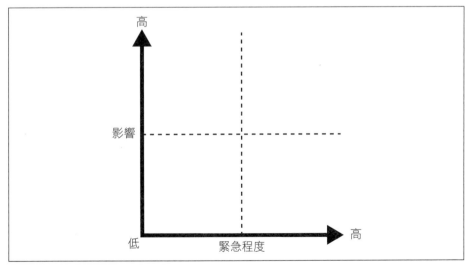

圖 19-1 影響力與緊急程度矩陣

- 我需要在多久的時間內回應？不同類型的請求是否有不同的回應時間要求？

- 假如在網路或資安方面需要協助，我能夠聯絡哪些人？尤其該領域僅有一位專業人士的情況，對值班支援的期望是什麼？

- 在事件發生時，我需要通知哪些人？何時應該通知他們？在工作時間和非工作時間，呈報的流程是否有所不同？

- 我需要隨時待命多長的時間？

- 我需要持續執行緊急出工多久的時間？如果遇到重大問題，是否具有將任務交棒給下一位值班人員的機制？

值班的準備

在首次值班之前的數週，請確保瞭解自己負責的所有系統以及呈報流程；換句話說，你需要曉得何時向誰尋求協助。明白負責系統預期可用性是非常重要的一環：在某些情況下，即使是短暫的中斷，僅僅幾分鐘甚至幾秒鐘，都可以被視為嚴重問題並對系統造成重大影響。而在其他情況下，系統中斷也許對客戶並沒有帶來顯著的衝擊，僅需留下備註讓交接的同仁於次日處理即可。

無論是否會有其他值班工程師共同參與的正式流程（亦稱為跟隨值班（shadowing on-call）），可以詢問是否能夠陪同團隊內的其他成員。跟隨值班能夠觀察工具和流程的運用情形，親眼看到與團隊之間的互動和回應方式，並評估值班待命對你的成本。

跟隨值班還能有助於瞭解警告訊息通知的頻繁程度和一貫地回應標準：

- 如何報告新的事件？

- 是否有電子郵件或簡訊發送通知，或是像 Slack 頻道的訊息服務，或是透過資訊主頁呈現狀態報告？

- 是否產生服務工單？

- 如果有的話，服務工單是自動產生還是需要人工提交資料？

- 請求需要多久才能得到回覆？

- 解決方案需要多迅速？

- 倘若解決方案需要特殊專業，呈報的程序是什麼？

- 向上級呈報的時機為何？

- 解決問題後，你會採取哪些額外措施以確保該問題不再發生？

確保筆記型電腦和手機充電完成並符合軟體需求，以便可以在隨時待命期間，從自家、喜愛的咖啡廳、足球場或自行車道等任何地方來存取所需的網路服務。根據輪班的工作性質，只要能迅速接收和確認請求並準備好協助解決問題，就有彈性時間做這些事情。

將需要的不同監控服務加入電子書籤，並確保能夠登入與存取到它們。如此一來，當收到傳訊通知時，就不必四處尋找相關資訊而手忙腳亂。

從手機和其他設備中設定告警服務。不同服務擁有不同的自訂呈報原則，請確保啟用的通知不僅僅是電子郵件。舉例來說，我在值班期間需要集中精神來處理告警問題，會希望盡量不被同一問題的後續通知所打擾，同時也要確保系統仍具有其他的通知方式。若預期回應時間為 15 分鐘，我喜歡使用電子郵件和簡訊回應通知；假若未能回覆，則於 10 分鐘隨後回電通知。這樣的設定讓我有 10 分鐘的時間回覆簡訊，否則就會再次提醒，如此就能減少重複的警告並有 15 分鐘的時間進行回覆。

雖然團隊有特定的預期回應時間，但也能根據個人喜好進行設定。重點是，顧及值班待命和回應時間的要求以及你的工作方式。在保持敏捷回應的同時，找到適當的平衡，避免被過多的通知所困擾。

請先瞭解公司的支出政策，並與主管討論是否可以申報額外的充電線，避免因「忘了帶充電線」而造成倉皇失措的窘境。例如，我喜歡在值班工具箱內備妥額外的筆電與手機用的充電線，從此不必拆除日常設置的任何東西，也不再擔心忘記攜帶充電線的情況。

一組電池或行動電源可以為你的手機和筆電提供額外的電力，讓你有更多的時間去解決問題。

在隨時待命期間，或許你不常以電話直接聯繫，但最好預先準備耳機來進行語音或視訊會議，即可同時享有不受打字影響的會議語音品質。

利用行動熱點或 Wi-Fi 分享器時，可以在隨時待命期間提供長時間的支援，讓你能夠在任何地方方便工作。相較於受到工作地點和期望回應時間之間的距離限制，可以在收到傳訊時，隨時找到一個上網地點並即刻處理問題。擁有行動熱點的優勢在於，我能夠享受家庭野餐的時光，並在公園內登入和處理事情，僅需幾分鐘就能搞定問題。

利用一台不同的設備，就能空出手機來接收其他警告訊息或撥打電話會議。此外，也能多個連線選項，假如手機使用某一家行動網路業者的服務，而這台設備採用另一家業者的服務，就有更多機會能收到訊號。

值班前一週

可以在值班待命的前一週知會任何相關利益團體，根據你的工作內容更新相關的專案工單，以分享狀態資訊。把即將值班的相關資訊更新至專案追蹤系統，使特定工作產生的壓力降到最低。理想情況下，主動更新還能減少待命期間對專案工作的干擾。若有關鍵的限時任務，請告知你的主管，並協助委派這些任務。而最新的專案狀態紀錄，其作用是當你被派去支援一個長期進行的任務時，其他人可以參與其中並繼續推動專案的進行。

如果可以的話，請傳送測試警訊來確認能否正常接收告警。即使之前已經進行過相同的測試，也要確保系統設定變更不會排除通知。我曾遇到告警服務封鎖了行動網路業者的情形，及早發現異常事件，省去處理系統無法接收警訊的問題，也無須找出手機行動網路業者被封鎖的原因。

請提前規劃準備零食和餐點，才不致於在隨時待命期間挨餓，因為你無法預知何時會收到傳訊通知。儘管可以根據過去的經驗預想到可能發生的情況，但這並不保證一切順利。有些事情可以事先規劃，一旦當連續發生異常事件時，才能減少額外的壓力。比如當你需要比預期更早投入工作時，準備一些迅速提神的飲料會非常有幫助。

 打好人際關係：你是否擁有可以依賴的家人或朋友，能夠在值班待命期間給予支持呢？適時向他們尋求協助，令他們感同身受。你不會孤立無援，給予他人協助你的機會，就是在建立人際關係；尤其是當你再也不必隨時待命時，就能回報這份恩情。

請為其他額外的需求做好支援規劃。你是否要長途通勤或和醫生定期預約的掛號？是否需要將孩子送到幼兒園或參加足球比賽？是否需要攜帶寵物去看獸醫？最好能與職務代理人或者另一位工程師進行溝通，確保同仁能夠暫代職務。日後當同仁需要提供支援時，記得回報他們之前的鼎力相助。

請提前規劃這些人力替代方案。輪班需要顧及個人生活的現實需求，並隨時做好準備。具備這類實務經驗的團隊將更能應付額外的短期需求，例如因故而中斷的工作。

雖然你沒有義務與所值班的同仁保持聯繫，但這樣做有助於建立和維持私人交情，同時可令值班待命的工作更加順暢，減少不必要的衝突和矛盾。我透過主動聯絡，發現了人力不足的情況，只因同仁沒有為排定的假期來安排職務代理人。因此在輪班期間，我主動協助補齊了人力缺口，進而避免支援不足的情況發生。

值班團隊是由職務各異的人員所組成的虛擬團隊，這些成員也許並不瞭解其他同仁在值班待命所具備的其他技能；透過主動的交流和分享，或許能夠提升團隊的整體表現。

與值班團隊的其他成員保持聯繫非常重要。理想情況下，值班團隊由首席工程師、職務代理工程師、負責向高層反映的聯絡窗口，以及值班事件管理員所組成。與值班團隊其他成員達成共識，有助於確保每個人都做好待命的充分準備；作為主要負責人的你，額外的支援讓你可以感到放心。

請與專業工程師建立聯繫管道。雖然他們可能並非正式的隨時待命人員，假如組織內特定領域的負責人僅有一位，如資安、網路或資料庫工程師，就需要他們的聯絡方式。由於獨自一人無法長期支援輪班，應明確記錄那些呈報條件需要請他們出馬協助。

與家人或室友討論即將到來的值班事宜，預估可能的突發事件以及他們對你的期許。請設定有關容許行為的底線。舉例來說，在值班的週末取消舉辦的聚會。

在隨時待命以前，有必要進行準備工作。確保一週的時間分配，不要只顧著把重心放在專案進度上，以至於忽略了值班的準備工作。

值班前的夜晚

確認你的通知設備已經充電完成，不要設為靜音或勿擾模式。確保獲得充足的睡眠相當重要；能夠於不斷變化的環境保持警覺的重要因素是精神充沛。倘若在輪班之前感到疲憊，就會影響到你專注工作的表現。

人們時常輕忽的地方在於沒有做好準備，讓自己好過一些。以下是其他富有經驗的系統管理員所提供的一些建議：

> 在床邊準備一件保暖的連帽衫或睡衣，這樣當你在凌晨兩點醒來時，就不必擔心如何保暖了。
>
> — Sera（@tsdubz），2021 年 9 月 19 日

> 事先備妥你喜愛的茶或咖啡飲料，好在需要挑燈夜戰時可以派上用場。
>
> — Yvonne Lam（@yvonnezlam），2021 年 9 月 19 日

為了因應可能長達一段時間的系統事件，請想一想具體的配套措施有哪些。例如備妥喜愛的茶飲或咖啡，方便的食物和保暖舒適的衣物。

輪班期間

在輪班待命期間，實際的安排可能會根據你的團隊期盼而有所差異，但一般的步驟包括下列內容：

- 接收警訊
  - 確認收到的警訊
  - 分類和處理的優先順序
  - 解決問題
- 改善值班的感受
  - 文件撰寫
  - 監控
  - 評估目前現狀

當收到告警時，首要動作是確認傳訊通知，讓其他人明白你已收到了訊息，有助於進一步減少相同問題的干擾。接下來，需對問題的嚴重程度和急迫性進行評估或分類，並根據這些因素將警訊傳送至適當的處理方式。最後必須解決警訊所指示的問題。解決問題包括調整可能出現突如其來的嘈雜警報。

請評估你的待命準備情況。具重大影響力的長期事件和頻繁的警訊皆令人感到擔憂。在感到疲累而稍事歇息的期間，將主要的待命責任暫交給其他人，對你和團隊而言可能更加有利。

正式的值班程序

評估待命的準備工作需要納入到團隊的作業程序中。這會有利於定下期望目標，並支援對工作規範的修訂，否則可能影響個人的健康或個人對職業道德的認知。以下是一些具體描述的例子：

- 倘若團隊成員在正常工作以外的時間收到傳訊通知，而且解決問題所需的時間超過一個小時，他們可能會在次日調整核心工時。

- 假如在一個工作天內需要超過八個小時才能解決的問題，或者在非工作天需要超過四個小時才能解決，那麼該團隊成員將自動獲得下一個工作日的補休。

透過這些明確的規則，讓個人對期望目標深具信心，並更有意願參與隨時待命的輪班工作，對於需要休息的同仁提供人力支援。

在一般值班期間，若沒有收到警告訊息，此時的重點放在改善隨時待命的感受（而非進行專案工作）。任務可能包括改善文件的撰寫、監控工作，或是深入瞭解系統的「正常」行為模式。有時在系統運作的檢查過程裡，可能會發現需要修正的問題。確保這些發現的問題被記錄下來（包括記錄在工作排程和待命手冊），並加入告警設定。

值班交接

當時鐘走到下班時間，應該可以卸下值班人員的勤務了吧。你想要下班，但工作還沒完成，後續工作仍然需要交接給輪班接替的工程師。將此列為正式的同步會

議，將會產生兩方面的作用。首先是向接班的工程師匯報上週的問題以及尚未解決的問題，確保他們能順利進行交接後的工作。其次是賦予你急需釋放壓力的機會，因為明確的暫停點能讓你不再處於面對正式環境保持高度警覺的狀態。這是一種暫時結束工作的固定程序，它告訴你的身體現在可以放輕鬆了，而且這種感覺令人十分愉悅。

但交接的同時也是一個固定的起始程序，因為它是下一位交接者需要承擔高度警覺責任的起點。當輪到你準備開始值班時，你的同事應當以相同交接方式向你交待任務，否則可能會無法獲得足夠的資訊，以及不確定系統當前狀態是否存在問題，而產生額外的壓力和焦慮。

也許你會認為：「我的工作環境不存在這些問題、我的工作環境沒那麼複雜、我們不會經常收到傳訊。」但我們的目標並不是要為非常態問題的環境進行最佳化；我們在嘗試建立永續的團隊作業程序，而不考慮出現必然遭遇的問題和事件，如資料損毀、資料中心或雲端服務供應商的故障中斷、資安事件。一次清楚的交接可以在問題出現時，為你和你的團隊打下克服難題的基礎，這是因為團隊已經熟練地掌握如何對未解決的問題進行責任交接，確保個人在應付棘手或複雜的問題時能夠得到充分休息，並維持最佳狀態。

交接的內容包含一份每週檢討的報告，列舉如下：

- 輪班時段。
- 負責該時段的值班團隊成員。
- 發生的事件和以及有關這些事件更多資訊的相關連結。
- 待解決的事件。
- 已解決的事件。
- 未被歸類為警告的事件。
- 人工作業流程。
- 自動化與改善流程的機會。
- 有待解決的問題。雖然對使用者可能已不再產生影響，但仍可能存在未解決的問題。
- 協助的特殊事項與需要改善的事項。

每週的檢討報告非常重要。我可以信任交接的同仁已妥善處理事務並以記錄佐證，而下一位接手的人也能夠相信我會妥善處理和記錄以資證明。

交接程序對於跨區域的有效合作扮演著舉足輕重的角色。在進行交接班時，較為恰當方式是舉行即時視訊會議，由正在結束工作的同仁將下一組成員迅速帶入工作進度的狀況。在持續進行的狀況下，利用類似 Zendesk 的工單系統或 Slack 聊天系統來分享案例紀錄，讓區域團隊更加輕鬆地接替同事的任務。此外，可以搜尋案例說明來為內部和面對客戶的文件做準備，並且為軟體團隊提供除錯報告。

值班交接之後

完成值班交接後，並不代表不需要改善隨時待命的工作。在事件發生後不久（無論是在交接的當日還是次日），重新檢視你所提交的問題。這個時候是一個絕佳的機會，讓你能夠獲得全新的體悟，改善剛剛經歷的情況。更新必要的文件，整頓所有嘈雜的警報（包括根據需求調整告警的嚴重程度），並記錄任何與長期改善相關的專案任務。此外，請確保將任何事件發生的相關資訊加入到事件報告中。

對於持續改善值班所收到的告警，一種方法是與團隊定期進行警訊檢討，討論警訊的影響和價值。

值班待命感受的差異

作者 Chris Devers

閱讀這一章時，我對自己值班的感受與本章所描述的差異感到震驚。在我的職業生涯當中，大多數的值班待命工作都是在與人們打交道，就像與系統打交道一樣。譬如「新聞系統剛剛當機了，但我們 17 分鐘後就要播出，拜託幫幫忙！」是的，這需要處理技術層面的回應，但其中也包含了大量的人際互動與對方的溝通協調，理解他們的困擾和需求，並即時找出解決方案，確保在解決問題方面獲得令人滿意的結果。

我的僱主專為媒體和娛樂行業提供解決方案，現場的伺服器部署仍然扮演著重要的角色。這個領域的工作人員需要處理攝影機、磁帶錄音、衛星連結、廣播系統以及龐大的媒體檔案庫等事物；而我們所建置的伺服器有助於將這些東西整合在一起，讓他們在節目上暢所欲言，節目能夠順利進行。

我們許多售出的系統皆是實體伺服器，無論客戶身處在世界的哪個角落，皆由客戶自行在他們的工作室、辦公室和資料中心等地進行安裝和管理。這些系統的日常管理係由客戶自行負責；一旦遇到問題，就可以向我們尋求協助。我們的客服人員是一支系統管理的顧問團隊，為每個派駐客戶現場的管理員提供呈報的協助。

我們不是一間大公司，但在世界各地均設有辦公室，對於維持長期待命的工作方式而言極為重要。假如印度的一家廣播公司回報一個在夜間出現的問題，歐洲的值班團隊就能隨時準備提供協助。若是工作延誤到歐洲團隊工作日結束時尚未解決問題，該事件將會交棒給美洲團隊，因為他們才正要開始上班。同樣地，全球人力配置也確保在假日期間仍能持續提供服務。各地區會調整班次，確保為客戶提供持續服務，不論是東亞的農曆新年還是北美的感恩節，各地區辦公室因假日暫停營業對客戶的影響微乎其微。

當 COVID-19 疫情帶來的遠距工作需求逐漸成為常態時，我們能夠從容應對，因為我們已經習慣與遠端的同事和客戶線上合作。

週末的輪班提供持續的服務，這種輪班方式與本章其他地方所描述的相似：人們需要關心手機的電子郵件和 Slack 通知，並準備好隨時都能使用筆電。或許某位客戶已安排了週末的維護時段，而值班待命的工程師事先瞭解他們將如何度過週末。然而深夜調查事件相當少見，因為事件在地區之間進行交接，如同一週的工作時間一樣。

我們也鼓勵客服支援團隊和開發團隊之間建立緊密的合作關係，這能帶來各種好處。當然，支援團隊非常清楚客戶所遇到的問題，但他們也能獲得有關如何改善和延長產品壽命的正面回饋意見。同時，當開發人員看到他們從事的工作能夠帶來實質改善，不僅對客戶也好，對客服人員也好，都產生積極效果，這種成果給予他們極大的成就感。此等合作還有助於知識的分享；假使有人在產品的某方面被公認為該領域專家，當此人出面分享自己的各種竅

門，將使每個人日後的工作變得更加輕鬆。顯然的，大量的干擾會使人難以集中精神完成工作，因此每個人都會留意這一點。然而，一旦人們意識到這種合作帶來的利益，似乎易於吸引更多人參與其中，進而形成一種良性的循環。在客服團隊提升專業水平後，客訴的頻率就會逐漸下降，客戶也不再需要經常諮詢開發人員。

每個組織都需要細心地打造一套量身定製的值班方案，善用資源以因應他們所面臨的挑戰。就我而言，與全球團隊合作能夠採取對值班任務影響較小的策略。請想想你的組織該如何運用創意來安排永續的值班待命方案。

監控值班的體驗

同理，監控不僅僅適用於生產系統，同樣也適用於人員監控系統。值班的過程本身就需要監控，來瞭解存在哪些問題，並主動進行改善，甚至和維護自身的權益密切相關。要知道值班是否順利，並將這些資訊提供給有權異動的主管，你需要擁有一套監控系統，以量化和令人信服的方式來呈現這些資訊。請參閱第 11 章，將這些改善措施應用在與值班有關的衡量指標分享上。

第一項衡量指標包括監控進行中的工作，即便你是獨自一人的值班工程師，不需要向任何人報告你的工作內容。理想情況下，與告警相關的工作應該納入同一個工作排程。你希望能夠分享視覺化的工作進度，並在進行異動時能夠看到它的影響程度。藉由進行測定來建立基準，然後觀察異動（如派遣更多的值班人員、對程式碼或基礎架構進行修正）對衡量工作造成的影響。以下是一些值得思考和斟酌的監控問題：

- 每次值班的時段長度為多少小時？

- 每次徵召出工的時段長度為多少小時？

- 傳訊通知出現的頻率為何？

- 傳訊通知需採取行動的頻率為何？告警是否能自動處理？

- 告警最後更新的時間為何時？

- 文件最後更新的時間為何時？

- 系統故障會帶來哪些影響？是否需要在非上班時間進行告警通知？

- 有多少位值班同仁可提供支援？若某位同仁正在處理問題而分身乏術，下一個告警將由誰處理？

- 值班人員在隨時待命期間，多久一次因工作而中斷日常的活動，包括睡眠、用餐和盥洗等？

- 家庭聚會和必做之事多久一次被工作打斷？由於許多活動無法重新安排，因此維持家庭關係的健全和穩定非常重要。

這些衡量指標不僅只是著力於系統修復時間和故障發現時間，這些指標還能在值班的體驗中協助分類與引導改善之處。在正式會議當中，談論這些指標是有益處的，使得團隊可以記錄必要的行動項目，以改善觀察到的趨勢。

如果你的團隊有定期的檢討會議，請回想一下值班的進度。提出的改善方案包括更新傳訊排程和呈報原則（若是你的團隊沒有檢討會議，我鼓勵你提出這些建議）。

找出值班期間出現的具體問題後，讓我們來看一些其他的改善對策：

值班過後仍難以放輕鬆

請檢查根本的原因，是否涉及工作所需的總時數，以及是否尚有其他工作待處理而導致你無法徹底釋放壓力？

在這種情況下，採取的紓壓措施是瞭解你實際上擁有多少空閒時間，以及空閒時間有多少的限制和可以從事的活動類型。如果缺乏未設限的空閒時間，那麼問題就出在系統身上。請你和你的主管及團隊合作，找出並修正這個問題的方法；因為從長遠來看，對於維護健全的工作環境極為不利。若不加以控制，將導致疲憊和情緒麻木，最終引發工作過勞，你得為自己的職場健康做好把關。

若非工作原因，或許是因為你有其他的領域需要投入心力。要求他人的協助來重新調整自我也是一種可行的方式。

值班同仁缺乏系統的專業認知

這裡的改善措施是協助值班同仁提升他們的技能並熟稔系統。將此視為擴充系統知識基礎的良機，並找到能夠改善的領域。倘若你對系統缺乏專業知識，

加上所處的環境鼓勵安全感和分享擔憂，請勇於提出你的訴求。你可以要求同事的隨同或陪同其他值班的同事，以便更深入瞭解系統。

缺乏足夠的人手來支援值班時段

除非你是一位主管，否則這確實是一道難題。請記錄你和團隊所付出的成本。根據這些資料，可以提出以下需求：增加人手。無論是透過聘僱編制外的人員，或是建議公司讓其他成員也一同扛下值班的職責；或者考慮降低值班回應的處理順序，例如僅在正常值班時間內優先回應。若是無法改變對系統的期盼，或許該考慮離職換個工作。當你處於過勞的狀態，在其他公司的面試過程會變得難以發揮實力，同時也會對你的健康產生負面影響。

值班方式不一致

首先，不一致本身並不是問題。雖然你可能希望擁有一套完好、整齊且完美的系統，但人們總是會搞的一團亂且方式不一。沒有人能預測任何人在某一天會如何處理問題，這是在解決較龐大問題上變得如此含糊的原因之一。

如果值班方式不一致是由於理解或教育訓練不足所導致，那麼就該修訂文件內容。倘若方式不一致是人為蓄意且傷及團隊，可採取兩個動作：一是具備高度安全感的團隊應該對成員的工作內容和期許做出負責，否則主管需要承接這個角色，明定期望並期許未達成目標時跟進，以修復他人對團隊所造成的傷害。

難以預料的輪班

值班在本質上是無法預測的。你和你的團隊越是擅長處理和準備實際環境，工作遭遇的問題就會變得越難預測，特別是在系統使用量增加的情況下。及早監控模式並公平分配工作，有助於團隊中的成員彼此互相扶持，以因應任何不可預測的情況。

缺乏工作補償的認知

作為團隊的一份子，這超出了你的職責範圍。請參考第 21 章的建議來減緩這個問題，並在需要協助時與你的主管進行溝通。我將此問題列入質疑項目，是因為當同仁開始產生這種感覺時，即使他們對於給付酬勞有不同的看法，也可能會影響他們對待值班和整體工作的態度。與其互相指責，不如認識到同仁可能會有合理的擔憂。

總結

經由輪班的參與來支援系統，這是管理系統的重要環節；但是值班也能夠以人性化的方式進行，使個人可以兼顧健康的生活，包括與朋友和家人共度時光，並熱衷參與工作以外的活動。你可以花些時間從平常的例行事項抽身出來，關注你所監督的系統，並以更具維護性和永續的方式進行管理。

更多資源

請參考以下關於隨時待命的更多資源：

- 「Crafting Sustainable On-Call Rotations」（*https://oreil.ly/eaCvN*），作者是 Ryn Daniels。

- 「The On-Call Handbook」（*https://oreil.ly/zJKwv*），由 Alice Goldfuss 和其他參與者（GitHub）撰寫。

- *The Art of Monitoring*（*https://oreil.ly/p6bMj*）第 10 章「Notifications」，作者是 James Turnbull（Turnbull Press）。

第二十章

事件管理

誠如第 19 章所探討過的內容，值班的目的是為了瞭解你的系統，以確保它們的正常運作。但，無論你多麼努力降低風險，運作失敗還是會發生，因而形成了事件。當你在輪班期間檢測到問題時，事件管理就開始了；一旦需要其他領域的專家和團隊才能解決問題時，管理工作通常會觸及到值班以外的範圍。事件管理的目的是盡可能降低事件所帶來的影響。

從個人角度而言，你需要各種工具、技巧和實務方法，這些不僅可協助你在面對事件時不再感到棘手萬分，還能讓你提前有所準備，並在事件發生時能夠有效地做出應變。你需要於各團隊間進行良好且清楚的溝通，使相關領域的專家能夠分享他們的知識，並盡量縮短解決問題所花的時間。況且你還想要一種方式可以從事件中學到經驗和活用經驗，以改善整體的工作效率，減少未來對客戶的影響，同時減輕團隊的負擔。

我於本章分享了一種共同合作和永續的事件管理框架，從發現事件到處理事件後的檢討，以及決定改善現場環境所需的行動。

 假設你的團隊已具備事件管理的能力，那麼你可以將我分享的內容應用到現有的框架，以改善你的體驗。如果你的團隊目前還沒有做好事件管理，那麼請和領導團隊分享本書或第 21 章的內容。

事件的定義為何？

「事件」的定義因組織而異；事件可能是指任何值班工程師收到告警通知的事件，或者特指資安上的漏洞事件。我於本書將事件定義為對上線的網站、服務或軟體應用程式產生影響的異常情況。

讓我們來逐一解釋這個定義的各個部分，首先是異常情況。當系統未按預期方式運作時，就會發生異常情況，可能是程式碼的錯誤、底層系統（例如 DNS 或網路）掛掉，或是專案規劃上的錯誤認知，導致實際的執行結果截然不同。

用戶端或客戶正在使用的上線的網站、服務或應用程式，通常是指工作環境的網站或服務，亦包括安裝在行動裝置上的應用程式。

影響是指異常情況對用戶端或客戶產生品質上的影響。有時候可以從外在觀察到這類的影響，有時候卻發現不到，就需要做出是否公佈事件的決策。

以下是一些知名事件的例子：

- 在 2021 年 10 月，Facebook DNS 伺服器的 IP 路徑消失，導致全球 Facebook 及其子公司的網站離線超過六個小時。系統大當機造成公司大樓和伺服器機房的門禁系統癱瘓，無人能夠存取遠端伺服器，且在現場的系統管理員也無法進入大樓和伺服器機房進行故障排查。

- 在 2020 年 7 月，由於伺服器憑證過期和網路中斷，使得加州傳染病通報系統無法收到外部合作夥伴的 COVID-19（新冠肺炎）實驗結果，導致案例資訊不同步且報告數不足。

- 在 2019 年 10 月，Docker 發生一個事故，其中的 Docker Hub 登錄庫（registry）暫時無法使用。任何依賴於直接從登錄庫下載映像檔的組織都會遇到問題。反而是快取 Docker 映像檔或自行維護登錄庫的組織所受到的衝擊並不大。

- 在 2019 年 5 月，Slack（*https://oreil.ly/Z18FC*）開展了一項功能部署，導致一些客戶無法連接和使用 Slack。對於受影響的組織而言，這是一次完全的服務中斷。

從上述例子可以得知，事件的外部影響程度各不相同。此外，客戶可能尚未遇到虛驚一場的事件。

何謂事件管理？

管理事件不僅僅是對影響深遠的事件做出應變，並將系統恢復到運作狀態而已。
事件管理更是規劃、準備、應變、調查和從事件中學習經驗的過程。

圖 20-1 展示了這一連貫的學習週期。

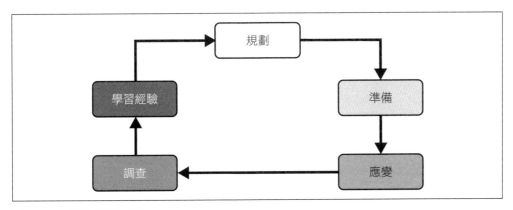

圖 20-1　事件管理週期

這些事件管理的差異之處如下所示：

- 減少損害、成本和復原的時間。

- 找出程式碼或程序問題。

- 矯正問題以避免事件再次發生。

- 記錄事件。

- 從調查中學習經驗。

事件管理週期中的每個步驟都遵循著一些基本原則，包括明確定義的角色和責
任，以及持續合作學習經驗的機會。有效的事件管理也能夠為人員需求、改善訓
練以及提升成果帶來相關資料。

問題出在系統身上，而不是你

我於第 19 章談到建立個人的抗壓能力，以支撐你在值班期間維護的工作服務。然而有時工作的某些環節超出你的控制範圍，無論個人的抗壓能力有多強，都無法長期支撐工作。

在處理事件時，一些跡象在提醒你的職務成長機會存在著限制，包括：

- 失敗事件缺乏透明化。
- 指責和恐懼文化，人們害怕談論錯誤。
- 一再發生的事件而缺乏改善或長期糾正。

還有其他令人困擾的問題，這些問題尤其嚴重，因為它們會阻礙學習經驗，破壞建立彼此之間的信任關係，使人們感到精疲力竭，可能加劇事件的負面影響。倘若看到這些徵兆，而且長期無法有效改善工作，請在出現過勞之前尋找新的工作機會，因為當你已經疲憊不堪時，面試新工作會感到力不從心。

處理事件的規劃和準備

儘管讀者會希望在輪班期間不會出現任何問題，但發生事件的情況無可避免，所以需要有一個規劃，並定期準備因應事件。在現代系統中，需要在團隊內部和跨團隊之間進行合作和協調，以提供一致和可靠的回應，並與各利益相關者進行溝通。在一些組織中，會成立應急的臨時團隊，如事件應變小組（IRT）或事件管理小組（IMT），以協調和合作解決事件。

以下各小節涵蓋了讀者所需的規劃和準備步驟。

建立溝通管道

在事件發生期間，團隊不應該試圖掌握每位成員的溝通程序，尤其是當個別成員可能不在同一地點，甚至不在同一時區的環境。

處理事件的論述沒有標準答案。其中一種做法是建立一個單獨的 #oncall 頻道，用於討論值班事宜。當討論頻道中確立了一個重大事件時，就會建立一個新的 #incident_NUMBER 頻道，將重心放在事件需求的內容上，並與主要的 #oncall 頻道分開，避免被其他的問題洗版。此方式的缺點是需要管理和追蹤大量短暫性質的頻道。

另一種方法是建立單獨一個 #oncall 頻道，並在該頻道中使用討論串（threads）來探討事件。這種方式有助於排列和檢視事件，只是當有關事件的討論串擴大到數百則訊息時，會使頻道變得疲於應付。

第三種方法是折衷的方案：一開始在主要的 #oncall 頻道中使用討論串，並留意調查的範圍，如有必要再分開建立獨立的頻道。

選擇一個標準，並根據團隊的需求和運作方式，挑選最適合的方法。

有效的溝通訓練

在事件發生期間，清楚表達的溝通可以減少錯誤並縮短解決問題所花的時間。回想一下在第 108 頁「案例二：向不同的觀眾傳達相同的資訊」，同時考慮到適合不同受眾的細節水平：內部團隊在處理事件時，需要分享完整未經過濾的即時資訊，但監督工作的管理者可能只需要定期的狀態回報，而客戶和其他外部利益相關者也只需要簡短的總結。

人們遵守溝通約定，有助於鼓勵他們在事件中發聲並分享知識。

機組員資源管理飛航訓練的催生

在 1978 年 12 月 28 日，當聯合航空公司 173 號航班接近波特蘭國際機場並降落時，機組人員發現飛機的起落架出現問題，沒有得到起落架已成功放下的確切訊號。機組人員要求進行保持空中盤旋，以幫助乘客準備好可能的緊急降落。然而機長不斷嘗試解決起落架的問題，並未注意到油量表的變化。飛航工程師提出了對燃油存量的擔憂，但未能成功地向機長傳達這一顧慮。由於燃料不足，部分引擎熄火，迫使他們必須立即嘗試降落，最終導致了客機失事。

這一起事件經過國家運輸安全委員會（NTSB）的調查之後，發現其他航空事件也存在類似的溝通和團隊合作問題；部分機組成員擁有關鍵資訊，卻未能分享或質疑決策內容。為了改善機組成員的決策力、解決問題的能力以及有效的團隊合作，國家運輸安全委員會認為有必要進行新的訓練。美國太空總署 NASA 的艾姆斯研究中心於 1979 年[1]，透過一個研討會制定了最初的機組員資源管理（CRM）訓練計畫。

合作是一項艱鉅的任務。必須瞭解如何互相合作並定期練習，因為面對不同的情況和不同的團隊成員，合作方式會有所差異。你不會希望在事件發生時才開始學習如何進行合作。

另外你需要建立信心，才能對領導者或專業人士提出質疑。儘管每個人都會犯錯，假使察覺到錯誤，卻是猶豫不決而未能充分反映時，或許會導致更多無可挽回的憾事。

建立範本

範本有助於一統事件的管理工作，建立一套標準並提高工作效率，使每個人擁有相同的格式和排版的基礎。

當範本內的行數或欄位過多時，人們可能會感到眼花瞭亂。請保持範本的簡潔，僅著重於必要的資訊。

維護文件

值班和事件處理的文件應定期審查和更新。過時的文件無法反映在使用的程序上，不僅妨礙組織學習經驗，還會令工程師感到失望。請確保檢閱警告事件的處理、災難復原和其他看似非文件紀錄的工作程序。

---

1 作者 Jerry Mulenburg 在 NASA 的 APPEL 知識服務官網（*https://oreil.ly/Z5cbE*）發表了一篇文章「組員資源管理改善決策能力」，最後修訂於 2011 年 5 月 11 日。

記錄風險

你所面臨的風險是什麼？這些風險發生的機率為何？相對的影響有哪些？事件管理的目標並非消滅事件，而是能讓你的組織以持續改革的方式來降低風險。

設想可能故障的情境並解釋其原因，有助於制定備援計畫，並強調影響故障成功排除的因素。

 請參閱 Google《*Site Reliability Engineering*》第 3 章（*https://oreil.ly/es3Qs*，由 Marc Alvidrez 撰寫）來瞭解更多關於風險的資訊。

系統失敗演練

透過演練並審查你的事件處理程序，使各個步驟轉向自動化，如同在開發中進行測試到系統實際上線一樣；而模擬失敗情境的應變方式與真實事件的處理方式是完全不同的體驗。即使經歷了一次演練，仍然會發現文件化流程和實際流程上的差距，對於日後的事件處理提供更豐富的經驗基礎。

瞭解你的工具

你的團隊將擁有一系列用於事件管理的工具、方法和流程。表 20-1 列出了一些需要注意的工具範例。

表 20-1　工具分類

分類	目的
監控	測量、蒐集、儲存、探索和視覺化基礎架構的資料。
告警通知	管理輪班和客訴，並通知指定的值班回應人員。
聊天服務	提供即時通訊，分享意見、連結和截圖。
視訊聊天	提供即時通訊，商討重大事件的解決之道。
事件追蹤	處理、故障排查並追蹤事件的整體進度。
文件記錄	對文件進行分類和彙整（事件管理報告、事件研究）。
問題追蹤	處理、故障排查並追蹤系統和軟體問題的整體進度。可以和用於追蹤事件的工具相同，也可以不同。

確保在這些工具上都擁有必要的帳號，以及存取每個工具的方法，無論是安裝在手機上的特殊應用程式還是網址。

明確界定角色與責任

事件應變小組在不同組織間可能存在差異。如果你的組織擁有一個事件應變小組，具體的角色名稱可能會有所不同，且分工的程度亦有所差別。在小組中，有幾個重要的職稱（無論你的組織是否採用這些名稱）包括事件指揮官、領域專家、聯絡官和記錄員：

事件指揮官（*IC*）

負責主導事件的解決之法。在事件發生期間，必定有一位負責協調各種活動的主持者。在解決事件的過程中，這個責任可能會從一個人轉交給另一個人。

領域專家（*SME*）

在現場的值班工程師或特定服務的指定負責人。解決特定事件可能需要多位領域專家的參與。

聯絡官（*Liaison*）

針對目前相關事件狀態，負責組織內部與外部之間的溝通。根據事件的牽涉範圍，可能需要多名聯絡官處理內部和外部不同的訊息傳遞。

記錄員（*Note Taker*）

負責記錄事件發生期間所採取的重要的措施和後續處理的細節。記錄員可以使用能夠回應特殊指令或聊天機器人的軟體，使用像是 Slack 或錄製的視訊會議等聊天工具來處理事件，這些軟體皆可勝任；因為這些工具的討論紀錄都會有時間戳記，對於提供事後學習經驗的敘事脈絡至關重要。

若是貴組織沒有規定正式的事件應變流程，就有改善空間來支援永續運作的值班和事件管理，這需要領導層的支持與認可。

瞭解嚴重層級和呈報規定

當你在值班收到告警通知時，需要一種可靠的方法來優先處理告警通知，並將問題歸類為事件。瞭解團隊如何評估嚴重層級，有助於決定採取何種行動以及應該通知的對象。

數字越小的嚴重層級通常代表事件的影響力越大。以下是一些例子：

嚴重層級 1

> 這是一個具有高度影響力的重大事件，例如完全遭到滲透的系統危及所有客戶、系統被駭而導致隱私權受侵害，或客戶資料的外洩。

嚴重層級 2

> 代表具有顯著影響的重要事件。譬如，系統降級影響了部分客戶。

嚴重層級 3

> 影響輕微的事件。比如系統反應速度較慢，但並未完全癱瘓的情況。

當團隊對於事件嚴重性達成共識時，就能夠通報嚴重層級並迅速啟動合適的向上通報協議，帶來適當的應變層次。隨著面對越加嚴重的事件，擁有不同人員擔任不同的事件管理角色便顯得更加重要。

對事件的應變

每個團隊在處理事件上，均有一定的流程（無論是否有文件紀錄）。對每個流程的不同環節進行檢討並明確記錄，可以在實際處理事件時改善人員之間的協調。圖表 20-2 是管理事件應變過程的例子，明確定義管理事件團隊不同的角色和責任。

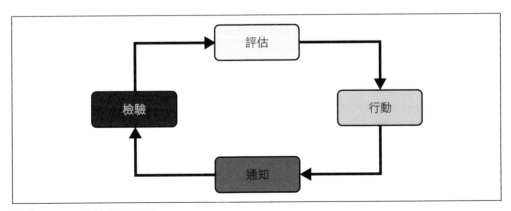

圖表 20-2　事件應變週期

當事件指揮官評估事件時，他們會透過跡象的觀察、問題的範圍，以及依據徵兆的潛在風險來評估事件。

當採取行動的時機到來，就會出現以下步驟：

1. 指揮官想出各種可能的行動和相關風險。

2. 指揮官需要做出決策。假如利用手機通話，則會說出他們的決策；若是在聊天平台上，則會在頻道中宣佈他們的決策。

3. 指揮官藉由詢問是否有強烈的反對意見來取得決策的共識。指揮官根據收到的回饋意見來調整行動，但仍由指揮官做出最終決定。

4. 指揮官指揮行動。指派的任務必須清楚明確，並具有明確的時間表，以指示個人何時向團隊更新進展情況。

   有時候，個人可能缺乏執行任務的行動力，但同時是個人向有經驗的前輩學習的好機會。假如時間不足或任務繁重，應當轉交給其他更有經驗的人承接任務。

   根據回饋意見和所需的時程來調整任務分配。依據事件的嚴重性，也許需要將人員調任到事件應變小組，以及時完成所需的任務。

週期的下一階段是通知。依據負責處理事件的團隊規模，指揮官可能會指派一位明確的聯絡官負責更新。聯絡官不應該過於介入系統的調查和修復工作。因為從系統除錯到溝通再轉換到執行關鍵任務，可能會倍感壓力並增加出錯的機會。

當上線的網站處於降級狀態時，向客戶清楚交代、及時地溝通是一項技巧性的工作。若解釋措辭不當，可能會比系統實際故障帶來更多麻煩。

聯絡官會定期向團隊、客戶和高階主管通知更新的訊息。通訊的頻繁程度和內容會根據不同的受眾而有所不同。更新應包括發生的事件為何以及採取的措施。一旦小組不再需要借助個人的專長，指揮官便會縮小事件的範圍，指示事件應變小組仍需繼續解決問題，並鼓勵那些毋需再提供專業支援的成員休息一段時間。

事件應變週期的最後一步是檢驗，包括檢查行動是否完成，並檢驗這些行動的成果。如果仍然存在負面影響，指揮官必須再次從事件評估開始，重複進行各項步驟。

從事件中學習經驗

在事件獲得解決後，記得要從所有參與事件處理的人員那裡蒐集資訊，其目的並非為了究責，而是為了挖掘事件的起因並進行討論。減少指責的一種辦法是聚焦於事件的發生以及人們基於事件所做的決定，而非著眼於本應發生或可能發生的事情。

挖掘事件的深度

各組織企業的大小和複雜程度各不相同，也許會經常發生各種程度不一的一般事件。你是否曾參加過事件審查會議，感覺會議的目的只是按照作業程序進行，而不是著重在事件的影響以及處理方式？我確實曾參加過這樣的會議，並思考如何避免再次出現這樣的會議。想從事件中學習新知，你需要樂於發掘和探索，而非僅僅遵循一個嚴格的作業程序。

即便每個事件看似相同，實則是獨一無二。在系統建置中，運算速度、儲存容量或網路選擇的組合也可能不同，這牽涉到不同的軟體（或版本或設定），也涉及不同的維運人員。根據組織的成熟度、擁有的工具集及參與人員，或許沒有足夠的時間來分析所有事件。因此，該如何決定要調查哪些事件以及調查的深度？實際上取決於你的團隊希望或需要學習什麼。令人矚目的事件可能包括涉及多個團隊或具有重大影響力的事件、涉及新系統或功能的事件、實際上是虛驚一場的事件。

認知偏見的危險

許多認知偏見會妨礙到鑑別事件的起因：

錨定偏見

　　在做出決策時，僅依賴單獨資訊或單獨來源，而非考慮整體。一份詳細的檢查清單可以減少錨定偏見，因為它有助於確保重要細節不被忽略 [2]。

2　舉例來說，即使是受過高度訓練的外科醫生也受益於檢查清單；手術安全檢查清單（*https://oreil.ly/DSJIq*）已被證實為提高手術患者治療成功率的有效方式。

遵守清單並不是無能的表現，而是承認即使專業人士也會出錯並尋求錯誤最少的方法。

存在性偏見

當你受到刻板印象或容易理解的事件影響時，就會發生存在性偏見。減少此偏見的一種做法是建立一個可搜尋歷史事件的儲存庫，方便你把目前的事件與團隊過去處理過的事件進行比較。

我方偏見

當人們只接受符合自己觀點和信念的資料，而過濾掉不符的證據時，就會產生這種偏見。為了克服這種偏見，應尋找和包含相反的證據，並納入多元的觀點和看法。

事後偏見

當人們在事件發生後認為它是可預測時，就會產生這種偏見。

現狀偏見

人們對事物保有原狀的偏好，就會對改變產生抵觸的情緒。

克服這些偏見的方法如下：

- 實事求是，不要預設立場就決定事件的成因。
- 註記可能的原因。
- 尋找並評估相互矛盾的證據。
- 重新檢視資料。

協助發現問題

對於「應該做」和「本可以做」的指責可能會阻礙對問題的深入探究，但這不表示不應該承認錯誤。錯誤需要被檢討和理解。如果團隊缺乏心理上的安全感，很難承認自己的錯誤。假使人們因為害怕自己做錯了事而不敢發聲，就會錯過修復系統問題的時機，或對建議措施產生誤解。

根據你在發現和調查過程中扮演的角色，特別是如果你並非事件應變小組的一員，可以提出以下問題：

- 如何收到事件通知？

- 此類事件從前是否發生過？

- 如果從前發生過這類事件，過去造成的影響為何？

- 事件中令你感到驚訝的是什麼？

- 這樣的事件是否有可能再次發生？

你會發現不同人對於系統的看法以及錯誤原因的觀點有所差異；此外還會發現人們在管理系統時的決策方式存在隱藏的差別。

高效記錄事件

事件報告是團隊的寶貴資源，有助於傳授知識並防止原地踏步。團隊應該將這些報告存放在一個集中位置，以便於存取和共享。根據組織的情況，這些資源對其他團隊或許能派上用場，請確保它們可以被其他團隊使用和參考。

根據事件的性質來看，每個報告的內容略微不同。團隊事件報告的目標受眾是團隊成員，這些報告可以比對外公開或行政簡報更為詳細。以下是一個團隊事件報告的範例：

- 標題。

- 日期。

- 作者。

- 事件摘要。

- 事件參與者及其角色。

- 影響程度。

- 時間軸。

- 圖表和日誌，用以佐證時間軸所描述的事實。

- 根據過往經驗得到的教訓，包括順利進行和需要改善之處。

- 行動項目：這些項目應該包括負責人、行動內容、行動類型以及完成時間。在檢閱報告敘述後，事件應變小組以外的其他人可以根據報告提出額外的措施項目。

所有參與事件應變的組員皆應檢閱事件紀錄，並補充可能遺漏的資訊，包括下一步驟感到困惑或不確定之處。

團隊事件報告並不是唯一感興趣的收穫。根據我的經驗，過度強調同一份報告會讓人感覺是在指責某人或團隊，造成人們恐懼合作，妨礙了對於發生情況的學習。其他值得注意的事包括產生大量的資料、檢視許多圖表，以及多人通力合作將服務復原到正常狀態。過濾所有這些資訊來建立必要的報表；除了團隊事件報告之外，或許這是一份針對 CEO 或客戶溝通的執行報告。

分享資訊

在記錄完事件後，可以將從中學習到的經驗分享給組織內的成員。例如透過電子郵件發送、更新網站內容，或在會議中展示簡報來實現這一目的。事發後的會議是組織保持吸收經驗的重要環節。

每位參加此次會議的人都應該要有共同的目標才能凝聚向心力。沒有共同目標的事後會議往往比沒有會議更糟糕。當獎勵不符合比例原則或個人的價值未能得到認可時，導致他們必須採取個人英雄主義來吸引眾人的目光，或者從此對整個過程冷漠以待。

你的目標不該是反映理想主義的「完美」世界。無人能夠百分百避免事件的發生，因此設定一個目標去根除事件是不切實際且無法實現。

正確目標是避免重蹈覆轍而導致相同事件一再重演。其他可行目標包括研究某些領域相關的事，找出事發資訊不清楚的原因，以及只有個人知曉特定資訊但整個團隊卻不知道的地方。換句話說，此次會議的結果應該著重在知識的建立和關注的領域。一些文件需要在資訊分享給團隊之後進行更新。

下一步

一般而言，事件管理的成功指標著重於改善平均故障間隔（MTBF）、平均故障壽命（MTTF）、平均檢測時間（MTTD）和平均修復時間（MTTR）。尤其在瞭解硬體規格之後安排硬體最佳的更換時間，這些衡量指標對於避免出現故障情形有莫大的幫助。然而就現今以雲端為主的系統而言，這些衡量指標較無意義，因為關於預測硬體故障的計算已不再適用，當今的重心已從實體伺服器轉移至虛擬化運算環境。另外，關於不同故障發生的平均回應時間的統計，已無法提供兼具效益和實用的資訊。藉由事件報告持續的合作學習，可以發掘出更佳的成功指標。

一個成功的事件管理流程會產生以下結果：

* 參與事件處理的人數減少（人們對流程感到更有信心）。
* 參加事件檢討的人數增加（人們認為花在上面的時間有其價值）。
* 為事件調查分配更多的時間。

總結

所謂「事件」是指正式環境系統所出現的異常情況，對系統的使用者造成一定的影響。若有人認為能夠根除所有事件，無異於癡人說夢。建議透過仔細討論且有節制的改變來提升對事件的應變能力，評估團隊對事件的應變和學習的狀況。

你和團隊可以透過建立溝通、訓練和文件記錄的流程，為因應事件做好準備。當事件發生時，清楚地向內部和外部利益相關者、客戶和團隊進行溝通，邀請必要的專業領域專家參與，並瞭解系統故障的成因以完善系統。

解決事件包括分享從事件中吸取到的教訓經驗，確認哪個環節出了問題。考慮進行變革並建立一套模式，能夠預測對系統產生影響的事件或出現的衍生事件，以降低未來的風險。

更多資源

瞭解更多有關事件管理的資源，請參考以下內容：

- Vanessa Huerta Granda 的部落格文章「Making Sense Out of Incident Metrics」（*https://oreil.ly/mLpOt*）。

- John Allspaw 的部落格文章「Moving Past Shallow Incident Data」（*https://oreil.ly/ SLnMR*）。

- Richard Cook 發表關於系統失敗本質的論文「How Complex Systems Fail」（*https://oreil.ly/uxHqA*）。

- 社群整理的彈性工程論文集（*https://oreil.ly/ xjkf1*）。

第二十一章

領導永續的團隊

讓我們重溫前幾章的一些觀念，並從領導者的角度出發。在我的職業生涯中，見識過不少整體系統對團隊的靈活性和能力所產生的影響。身為一名主管，會有更多的機會透過改變整體系統的運作方式來培養和支援團隊。

沒錯，本章確實是專為擔任主管職位的人所寫的章節。儘管我深信人人皆可成為主管，卻也知道不同組織限制了職能型領導者。倘若讀者目前還不是一位主管，我鼓勵你閱讀本章內容。如果對內容感到滿意，請不要吝嗇與貴單位一同分享本書。

我將於本章分享如何以完整團隊的概念來帶領團隊，此法著重於系統生命週期每個階段的終生學習，不限於任何特定角色（如開發、品保或系統管理）。

集體領導力

一位領導者不該希望替他人思考，而是培養他們自己思考的能力。

　—瑪麗・帕克・芙麗特

當問題超出一個人的能力範圍，無法單獨解決或發揮影響力時，就需要領導者的出面。領導者不只是管理，也不僅僅是告訴他人該做什麼，還需要說服他人相信問題的存在並攜手解決問題，這是一項艱鉅的任務。

此外，我意識到在組織中存在真正的權力。那群手握財務決策權（例如聘僱、解僱、留任、重組）的人，在建立和維護組織永續運作方面具有更強的力道。

領導工作伴隨著偌大的責任和特權。你的團隊和工作所發生的事情影響人們的生活、健康、個人關係、個人目標和夢想。你會影響他們運用時間的方式，而時間是我們所有人最寶貴的資源。你對公司有責任，但對人們也有同樣的承諾。

我在圖 21-1 提出了一個開發和維運（DevOps）的生命週期模型，強調終生學習的重要性，消除開發和維運之間的隔閡，並在每個階段都進行監控，以實現觀察和實驗，適用任何角色或階段。

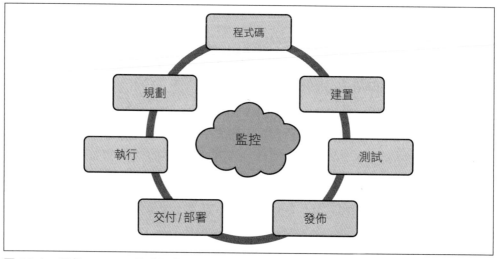

圖 21-1　現代 DevOps 生命週期需要終生學習

組織往往基於早期需求來制定經費決策（包括人員編制、專案、工具和技術），經常忽略系統整個生命週期的其他地方。例如在開發軟體時，資源分配集中於開發人員的經驗和程式設計的能力，卻忽略系統在部署至生產環境後如何繼續支援和維護的重要性。此外，人們理所當然地認為「有人」會知道何時出現問題並立即做出回應。

在組織中需要密切注意這種模式，因為它代表負責系統維運的人將承擔執行系統的重任。

打造完整團隊的方法

完整團隊（whole-team）是指團隊中與系統相關的每位同仁，包括系統管理員、開發人員、資安管理員、網路管理員、產品經理等；每個人對系統的成功與否承擔責任和義務。

此法要求每個人都重視團隊中其他成員的優勢和技能。沒有人是萬能的，任何人閉門造車解決問題，只會成為井底之蛙。

打造完整團隊的方法是盡可能瞭解複雜的環境，對系統元件的共同理解有助於減輕系統使用或執行系統體驗所產生的負面影響。不需要為了追求一套零停機時間的「完美」系統來消除所有隱患。畢竟追求零停機時間對企業而言成本過於高昂，且對支援系統的人員也有潛在的危害。

將完整團隊與提問文化相結合，鼓勵個人要求釐清問題，增進共同的理解，不讓人們單獨做出臆斷。

 尤其對於管理者而言，儘管回顧和檢討事件應變規則有其必要性，但在試圖提供社交支援時，應避免對決議細節進行揣測。根據「工作需求 - 資源」模型的研究，自主權和社交支援可以有效減輕繁重工作負擔[1]所引起的疲累和其他後果。當人員處在缺乏睡眠且過勞的情況下，即便是出於善意且有見地的批評，也可能被視為對自主權和社交支援的剝奪。

讓我們來看看如何採用完整團隊來進行值班的任務，打造出一支具有韌性的值班團隊。

組成具有彈性的值班團隊

一支具有彈性的值班團隊能夠處理系統出現未知問題所帶來的壓力。它是由關注服務或系統的人所組成的虛擬團隊，以共同管理的模式來維護上線的系統，達到分擔責任之目的。

---

1 參考 A. B. Bakker 等人發表的「工作資源緩和工作要求造成職業倦怠的影響」文章，刊於職業健康心理學期刊 10（2005）：170–80。

對於使用的軟體價值和客戶承諾，值班是最直接的方式。產品開發人員對產品特性擁有最深入的理解和背景知識。當然，系統管理員經常在生產環境內學習產品的運作原理。讓開發人員面對一級警訊和處理，確保他們對系統最費力的地方有深入的瞭解。

此外當開發人員負責值班時，無論是重構現有系統、實作新功能，還是移除對系統運作至關重要的功能，他們都能優先處理開發功能的工作。最後，當開發人員尋求基礎架構支援時，基於他們對系統運作的瞭解，能夠更準確地評估問題的嚴重性。

某些組織開始接受將開發人員加入輪班的行列，並主張淘汰系統維運團隊。一個「無維運」的團隊可能存在問題，因為許多開發人員欠缺系統維運的能力。缺乏這些技能並不代表個人的能力不足，這是技能專業化的一種取捨。開發人員通常著重於使用軟體解決特定的業務問題，而系統管理員則專精在維持系統正常的運作。當你不是站在系統管理員（負責維護系統的運作）的角度來看事情時，問題就會浮現。判斷是否會在貴組織引起問題的一種方法，是去檢查團隊工作內容是否存在摩擦與矛盾。

雖然值班的開發人員可能只負責系統特定元件，但系統管理員通常擁有關於所有不同系統之間互動的知識經驗。維運團隊在值班中扮演著重要的角色，無論是透過主要輪班還是作為二線或三線支援。除了提供一線支援外，系統管理員還會協助設備與其他相關產品的整合，以及執行標準的維運作業，例如備份和還原。

系統管理員通常可透過雲端服務供應商和第三方服務來擁有系統資源的管理權限。因此，他們對於生產環境的系統與其他工程師的實驗和測試環境有著獨到的見解，並瞭解之間的差異。

改變團隊內部成員對於值班工作的認知或許很麻煩，因為他們經常認為這是個人的責任並且需要追究責任。激勵與獎賞制度和影響客戶環境同等重要。支持共同管理模式，讓維持系統上線的可靠性和穩定性，以及功能開發工作同步進行。

 請查看關於在 LinkedIn（*https://oreil.ly/DYZjR*）改變值班方式的研究案例。

輪班並非一成不變。輪班可以成為計畫的基礎，以應付不斷變化的情況。號召一個具有支援性質的永續團隊，鼓勵團隊成員在輪班期間進行換班和代班，在必要時能夠提供值班工程師一些休息時間。

更新值班流程

在高壓環境下值班若無法釋放壓力和休息，就會對身心健康造成危害，導致焦慮、憂鬱、過勞和其他問題。此外，個人也會以效率差的方式去思考工作問題，無法專注於複雜專案的創造性工作，以及制定有效解決潛在問題的計畫。

將終生學習的理念應用於值班團隊，有助於降低對個人的危害風險，並提高團隊處理系統異常的抗壓能力。假設值班對於負責支援的工程師來說值得長期投入，那麼每個輪班的人都能從中獲益，因為他們有了足夠的心理空間去醞釀創意和靈感，不再擔心或害怕更大的影響或干擾。

可透過以下方式來更新值班流程：

監控值班的感受

過多的告警通知和長時間處理事件會讓值班工程師心力交瘁。當人們感到疲憊時會更容易出錯。監控值班的感受有助於確保疲憊的人不會繼續值班，並鼓勵支援和關懷的文化，進而提高個人和團隊的整體健康狀況。

要成功做到這一點，個人就必須贏得團隊的信任，不會老是覺得有人在無形中盯著他們，並要求他們提高關鍵績效指標（KPI）。相反的，整個團隊主動接近目標，評估、學習並減輕工作固有的壓力，以實現永續的變革。

接納完整團隊

鼓勵團隊成員尋求協助，提高整個團隊的抗壓性。有計畫的回饋問題可以減輕未知情況所帶來的壓力。

監控警報和維護

嘈雜的警報令人沮喪並降低警覺性（對告警產生麻木），增加出錯的風險。假如使用 SLO（服務水準目標）手冊，請確保文件更新以反映 SLI（服務水準指標）的變化，包括更改的原因。

建立事件處理規則

並非每個事件都需要進行評估。不是每個偵測的事件都該成為通知人員的警報，也不是每個告警通知皆為事件。明確清楚的規則有助於減少人員疲勞並維護警報的有效性，同時也為成員提供深夜收到業務關鍵告警通知時，所應遵循的處理流程。

監控排程的影響

人為制定的排程可能會被其他人視為不公正或偏心。積極規劃並增加個人需求可促進更滿意、更靈活的排程，以符合人們的需求。

當系統變得更加複雜時，建立永續值班制度的公司將在競爭中更具優勢。

 事件應變小組應將零食和餐飲納入規劃之中。對於分散的團隊來說，擁有值班工程師的聯絡方式及送餐選項，或者允許餐費報公帳的政策非常重要。

當組員專心在維修和復原時，常常會忘記用餐，加劇長時間專注於特定問題所產生的疲勞感。團隊領導者有義務將評估程序的部分訊息告知參與系統的成員。

監控團隊工作

第 14 章曾經談過，監控可以增加系統及其潛在風險的透明化，也包括取得有關人員和程序的更多權限。在思考團隊工作時，你會試圖評估什麼及希望達成什麼樣的目標？哪些訊號可以幫助你找出並實現目標？如何確定需要解決的複雜問題以提高團隊績效？

為何監控團隊？

在團隊層面進行監控可幫助建立更穩固的關係和信任，因為團隊成員能更清楚地看到彼此工作貢獻的內容和前因後果。所有工作的透明公開對衡量和支援正確的行動亦有所助益，預防團隊出現嘩眾取寵的行為。

提供團隊層面工作的評估可以幫助改變對維運工作的看法，從獨立作業的系統管理員變身為高度配合和善用視覺回饋的角色；也讓人瞭解每個人執行工作的方

式，使最重要和緊急的工作得以完成，同時還兼具彈性，在沒有急迫性的情況下納入其他有需要的工作。

監控程序是一個反覆的過程。監控提供的資訊能幫助分析正在發生的事，並提供佐證以教育團隊並推動變革。有時候變革牽涉到運算基礎設施，其他則是涉及人資流程。從開發到生產階段投入的人力皆屬於系統管理的一部分。

舉例來說，在我待過的工作環境裡，維運團隊的平均工作量代表每個人工作滿檔。若是有人請假，無論是計畫性還是非計畫的排程，都會給其他人帶來額外的壓力，導致處理事情出現更多失誤，打擊團隊成員的士氣。而監控能夠根據預計的工作量來協助團隊增加人手，使每個人可以空出時間。一旦有人需要請假，就有額外的人力替補，減少不必要的摩擦。

增加人手

倘若發現團隊長期人手不足，該如何增加人手呢？尤其假如你是一個「單人團隊」，解決這個問題的方法有許多，不妨聽一聽我的建議。

首先，不要以「我們人手不足」開始任何的請求。在擴大團隊規模的同時，必須知道一次有多少新人可以開始工作的限制。就像執行任何專案一樣，包括研究、計畫、爭取支持並執行：

研究

找到擁有決策權的人。不要貶低主管職權或逾越權限。找出團隊曾經參與且對高層而言具有參考價值的重大專案。關鍵是簡潔明瞭，不必做到鉅細靡遺的程度。

計畫

依據特殊工作性質提出你的計畫，說明額外人力所需做之事，以及他們對組織產生的直接影響。利用商業話術和高層決策思維進行陳述，盡可能提供一些非首要考量的選項：如實習計畫、臨時團隊的調度等。

爭取支持

爭取主管和上級支持你所提出的計畫，邀請他們審查、提供意見並核准計畫。

執行

假如爭取到增聘人手的名額，請根據你的計畫撰寫職務申請書。然後履行承諾，確保承諾的內容成真，使人們得償所願。

若是沒有獲得增聘人手的名額，請採納意見並做出適當的調整。也許團隊正在進行超出自己職責範圍的工作，建議立即停止。有時候是系統的某些地方開始出現異常。本章稍早曾經提到，不需要追求一套完美的系統，只要異常問題不大，也許對業務來說是可以接受的。

應該監控的內容為何？

來談談管理任務的工作（任務如何進行），找出需要監控的事件。當然，討論不會一下子就結束。隨著時間過去，團隊的作業流程也會不斷改變，需要定期檢討並記錄發展初期的做法。

檢討會議是在任務執行一段時間結束時所舉行的會議，用於反省團隊的工作方式以找出改善方案[2]。將工作攤在陽光下，團隊成員就可以根據資料認真思考並做出判斷，而不是憑記憶去猜測發生的情況。

回想一下第 107 頁我分享的「案例 1：一圖勝過千言萬語」，那是關於追蹤工作的事情。除了改善團隊工作的優先順序及對利益相關者的透明化之外，對於事態的發展有了更清晰的輪廓。藉由定期的回顧檢討，我們找出並糾正了工作中大量的根本問題。

利用公共看板追蹤工作和定期檢討回顧，有助於大家將目標縮小到一季之內能夠完成的範圍（減少進行的工作）。我們一次次在流程上做出一些改變，延長大型專案的實施時間，確保每個人手上只有一項大型專案，並將檢討次數從每季一次增加到每兩週一次。

儘管會議變多，但不可否認，這些改變也幫助大家在每一季完成更多的任務，使每個人都能專心在自己的工作上。

---

2 瞭解更多關於檢討活動的資訊，建議閱讀《*Agile Retrospectives: Making Good Teams Great*》一書，作者為 Esther Derby 和 Diana Larsen（Pragmatic Bookshelf）。

在檢討回顧期間，反思成功的一面包括幕後功臣是哪些人。假設大家「只是在做自己的工作」，貢獻會是增強團隊內部信任的一種方式。反省失敗之處包括阻礙目標的細節。

長此以往，透過持續優質的檢討回顧和改進，就能將團隊打造成優秀的團隊。假如沒有進行任何的檢討，工作就會變得一團糟且缺乏效率，重要任務和專案不但受到延誤，反而是先完成其他無關緊要的任務。團隊內部討論的初始主題包括團隊的目標、任務和專案定義，以及工作描述及其經歷的階段。

切記，無論工作類型為何，一般而言，人們需要下列五項需求[3]：

自由

在工作上享有控制權和自主權。

挑戰

啟發思維；思考並充分利用自己的技能進行研究、設計或採用新的方法。

實質貢獻

感覺到工作受到重視。

正向氛圍

積極和同事維持良好的互動。

進修

提高能力並增加專業知識。

將這些觀念融入到團隊工作的討論中。比如，不要直接和別人說「你要這樣做」、「你要那樣做」，而是提問「你認為我們需要做什麼來解決這個問題？」

3　Sheila Henderson 於 2000 年的《*Journal of Counseling and Development*》期刊發表一篇文章「Follow Your Bliss: A Process for Career Happiness」（*https://doi.org/10.1002/j.1556-6676.2000.tb01912.x*）（305-3）。

團隊的目標是什麼？

將「團隊主要目標」當成目標，有助於調整進行中的任務和團隊的表現。譬如，假設團隊完成任務但未達成團隊目標。在此情況下，主管就必須協助團隊更換目標，讓從事這項工作的成員能為公司目標做出貢獻而獲得讚揚；或者幫助團隊拒絕這項任務。對於進駐團隊而言，倘若領導者未將系統管理員的工作納入團隊的主要目標當中，可能無法為這項工作帶來價值和獎勵！

個別成員不會設定團隊目標。遇到這種情況，制定目標的人通常必須督促他們實現這些目標。理論上，個人願意承接任務是因為他們的動機或對完成任務感興趣，而不是被迫去完成工作。

團隊對於任務的定義是什麼？

「任務」是指可以在各個階段追蹤並在一段時間內完成的單獨事項。利用實際的任務可以解釋定義的差別。一段時間可以是一個小時、一天或一週。比如在某些團隊中，建立新服務會被視為一個小任務；在其他團隊裡，它可能被視為一個大型專案。

未來工作的討論也可以包括任務的特徵：到底是只要透過操作手冊或檢查清單進行記錄的例行公事，還是需要規劃額外時間的新任務？

團隊對於專案的定義是什麼？

我發現，自己想要在一週之內完成一系列相關任務（workstream）實在很難，而拆解任務可以逐步朝著實現更大的目標方向邁進。因此我認為通常需要花費超過一週時間的工作皆屬於專案，表示需要採取額外的行動來確保其完成。

專案係由多個任務組成。為了讓工作透明化，個人應將專案拆分為所需的任務，並將較大的任務拆分為較小的子任務。

一些額外的專有名詞需要與團隊共同定義，確保達成共識。譬如使用「計畫（program）」一詞來描述與外部團隊合作的專案工作。這些合作對象或許希望實現不同的結果，但在集體合作中擁有共同的目標。

團隊提供哪些服務目錄？

服務目錄乃是團隊安排和策畫的服務集合。討論所有不同類型的工作和技能水平，能夠安排和策劃這些服務。第一步是釐清完整的任務清單，然後剔除重複的工作描述。一旦團隊感到心安而無後顧之憂，就能進一步提出「我們進行這項工作的目的為何？」這樣的疑問。團隊可能會發現需要降低某些任務的優先順序，以著力於實現真正差異化的工作。

檢視工作

一旦有了任務清單，請仔細檢視工作及其階段。它們是如出一轍還是差異極大？以下是基於工作類型的分類範例：

- 修正程式錯誤
- 處理事件
- 行政任務
- 系統中斷驅動的請求
- 定期會議，包括一對一對談
- 茶水間的閒聊
- 特定專案工作

某些事情，例如一對一對談和茶水間的閒聊，皆無法自動監控或攤在陽光下。可以將類似路徑的工作進行分組，並在監控時採用相同的視覺化方式。假如工作沒有按照單獨路徑來做，就不該試圖將其強行合併為同一個工作系列。每個階段都需要明確的界線，並定義開始和結束的條件。

在反思的過程中，可能會發現各個階段的涵義存在不同意見。例如，「已接受」階段代表什麼意思？團隊是否已承諾完成這項工作？某人是否表示負責在本週內完成這項工作？提供進一步的規定有助於清楚說明涵義並建立共識。

 在每次檢討回顧時，請習慣性更新團隊的入職文件，包括最新的分類法、流程和政策。

衡量團隊所受的影響

回想一下第 20 章提到的指標（如 MTBF、MTTF、MTTD 和 MTTR）並不適用於現代的系統管理，它們會導向錯誤的改進方向（如工作內容不正確或完成工作的時機不對），或者低估了個人的工作價值，並迫使他們達成毫無意義的目標而使他們逐漸失去工作動力（沒有控制權和自主權，以及個人不再重視工作）。

相較於使用這些衡量指標，應根據業務目標來找出達成這些目標的方式（或未達成的情況），運用資訊主頁及持續的合作學習來協助達成這些目標。如果目前沒有監控系統，可以利用現有的紀錄來進行分析。再強調一次，衡量的關鍵點是為了學習經驗。

當你評估系統時，有時會發現系統本身就是問題所在。比如在過去的工作當中，測試可能會觸發網路設備的缺陷。有一次我被安排準備隨時待命，以期在週末能立即前往重新啟動一台當機的網路設備，確保自動化測試能夠持續進行。然而，當時管理高層從未打算投資更好的網路設備（成本高達數萬美元）或開關型配電器（每台設備約 1,000 美元）；由於我的時間未受重視，並未因為待命或週末工作而獲得任何形式的報酬。

不當地限制人力和資源，會造成他人無法持續工作的負荷。以下是一些例子：

- 不採購適當的工具。

- 不投資或提供足夠的人力來支援所需的工作，以維護服務所需的基礎架構。

限制人力會增加額外的負擔。許多事常常表面上是「免費」，但實際上卻存在高昂的隱藏成本，如通勤時間、工作時間以及工作效率的研究。

有時你或你的主管也許是有意決定不投資自動化作業或工具，因為系統底層的複雜性會導致導入過程存在著高風險的問題。當複雜性阻礙實現自動化時，便是一個需要改善的地方，減輕人力支援的成本負擔。

想要在人力管理方面主動出擊，就必須瞭解支援當前系統所需的人力。這裡所指的人力並非預估具體的人力成本（技能因不同團隊而異，還包括緊急情況和請假），而是要瞭解每個系統佔用團隊多少時間。

有什麼方法可以衡量這類影響呢？假使團隊成員定期交流彼此的工作情形（需要心理建設），並分享支援特定專案所花的時間，你就可以更準確地評估人力和工時。當然，每個人在不同類型工作上所花的時間各不相同；讓團隊中的每個人共用這些資料，即可分享工作狀況來突顯其中的特殊性。透過分析這些數據，就能找出需要改善的地方。

你可以藉由定期調查來瞭解其他指標的情況，比如：

- 對薪資的滿意度
- 對特殊任務或專案的要求程度
- 工作如何影響私人的活動時間
- 個人於下班時間如何放鬆自己

 鼓勵採取「蜂群式作業（swarming）」，利用分而治之法應付大型問題。蜂群式作業能夠動員多個團隊成員來同時協助處理任務或問題。這種作業方式使個人感受到支援的溫暖，同時團隊也能夠全面理解工作的內容。

以文件化來支撐團隊運作

> 鮮少有人會選擇不去執行任務並丟給他人。相反的，我們在團隊／公司內建立的系統可能存在某些問題，他們唯一的選擇是解決問題。因此，解決的辦法不是告訴他們要做得更棒，而是改變系統本身。
>
> ——卡洛琳・凡・斯萊克（@carolynvs），2021 年 10 月 15 日

團隊時刻都在與時俱進；當新成員加入或現有成員離去時，文件提供了團隊的運作框架，並在變革中持續發揮作用。除了將管理任務的工作所討論出來的定義記錄起來之外，支撐團隊運作的其他方面包括：

將專案文件化納入到「完成」的定義

包括所有相關的工單、透過 ChatOps 進行的相關互動，以及正式發佈或部署。

將文件化與軟體等同視之

進行版本控制、測試和發佈。

明確記錄規範並進行示範

有時候當我們不清楚受眾是誰，且腦中思緒一片空白時，的確很難確定要記錄哪些事情，以及該花多少時間來撰寫。管理者可以協助決定這項工作的優先順序，確保擁有適當的工具可供使用，並排除任何可能的障礙。領導者可以以身作則，分享他們的文件，建立範本，並讓其他人能夠輕鬆遵循。

 僅僅只因為文件記錄了規範，並不代表每個人都會遵守這些規範。當有人未能遵守標準時，重點是花時間瞭解其中原因，而非假設問題出在個人身上。

明確記錄政策，不要假設每個人都有相同的期待或理解。如第 19 章所述，值班政策應該要有明確的文件紀錄。

建立學習文化的預算

如前言和書中提到的，各種工具、技術和第三方服務正在不斷增加。如果僅是關心現狀，而不接受新的資訊、資料、工具和流程，就容易「原地踏步」。

要建立一個學習文化，需要進行流程變更，花時間學習和適應變化，以及投入資金。為了評估和規劃文化的學習，請考慮以下四點並定期重新評估：

建立培訓預算

除了建立培訓預算之外，還應該安排時間讓個人能夠運用這些資金。

鼓勵分享知識

積極舉辦學習交流活動（例如專題研討會、讀書會）或透過文章（例如「我從這次會議、講座、研究中學到了什麼」）被動地分享知識。

事故演練

事件無可避免。建議團隊演練處理事件的流程，並預測可能發生的各種情況。就像開發中的測試一樣，事故演練與處理實際事件是完全不同的體驗，但它確實有其價值。它可以協助發現文件的缺失，並在必須於深夜回應事件之前做些功課，才能夠更深入地瞭解流程。

提供分析工作的時間

給予個人改善系統的時間。對於需要隨時待命的值班工作，能夠找出系統弱點並加以解決，或記錄未達預期的情況。對於費時的工作，可以找出重複性工作並安排時間來進行自動化任務。

適應挑戰

過去的管理方式將人視為資源，並以替換齒輪的概念來管理這些人力。現代管理意識到現今組織的非階層性結構，反而更像矩陣結構的形式[4]，人們之間存在著關係和情感，而且無法互相取代。

舊有的系統管理模式將人與工作分開，這種模式是行不通的，因為它會造成兩個平行無交集的系統：人與被管理的系統。

現行的系統管理模式意識到人和工作密不可分，人屬於系統的一部分。每個人都有獨特的技能、天賦、興趣、動機、工作風格、誘因、世界觀和偏好的工作方式。為了確保系統能夠永遠為其中的人所使用，應全面從人性化的角度來考慮系統。人的能力有限，而且容易「出包」。這裡並不是要冷漠地把人當作機器人來對待，而是要意識到人屬於系統的一部分。當系統預計人們會做出某些有害之事，如全天候待命，卻否認對個人產生的影響，那就不人道了。

你無法完全控制系統的輸出和結果，而人是造成系統混亂的原因之一，使得系統變得雜亂無章。你需要真誠地待人，重視他們現在的狀態和所有情感，並與他們合作解決難題。

---

4 「DevOps Culture: Westrum Organizational Culture」（*https://oreil.ly/Ar8OL*），引用 2022 年 6 月 13 日的 Google Cloud 資料。

在雅虎公司，儘管我做事謹慎，早已預留一些檢查清單和手冊；直到自己度過第一次假期，一切都失控了，這時才意識到自己是系統的一部分。在業界裡，設計系統常會談到單點故障。然而在評估系統時，我們並未考慮到那些擁有知識、理解力、背景或支援的人員。這些都是系統裡的弱點。你無法藉由自動化來消除這些弱點。建立一套自我修復系統只會使系統變得複雜，對於最終進行除錯和支援的人來說更是雪上加霜。

這些系統是根據我們的想像，模擬人與人之間的關係所建立的。從人際關係中可知道如何對待系統，建立永續的系統來支援其中的人員。舉例來說，我們可以互相鼓勵和扶持，讓人們坦率地放心承認自己不知道的事情，並明白他人會支持自己。

> 個人的輪班不應該只是本身的責任。團隊、環境、情境和系統都必須協助和支撐此人。
>
> ─ 萊恩·基欽斯（@this_hits_home），2021 年 10 月 15 日

人的持續動力來自於和他人建立聯繫、學習機會以及感受到重視（回想一下第266 頁「應該監控的內容為何？」一節提到五個常見需求中的三個需求）。這些因素必須納入系統評估的範疇。倘若忽略了這項評估，人們會面臨工作過勞的風險，同時也會在團隊之間產生額外的緊張關係。

現今工作變得越來越繁雜，系統面臨的壓力也日益擴大。你必須為無法掌控的意外事件做好應變規劃，因為這些事件一直都在發生（比如水災和停電）。回顧一下 2020 年 COVID-19 疫情對系統的影響：團隊的處理能力降低（計算個人能力的公式仍然不變），而對團隊的要求卻提升了，增加了過勞的風險。

人的能力隨著時代變遷而難以預料。為了達成目標，你的團隊需要適應一系列複雜而混亂的系統考驗。人們需要感受到信任和授權，建立彼此之間的信任，並在有需要的一刻就能獲得支援。管理者需要認同這一點，引進其他人才來協助團隊；或者根據實際能力縮減專案範圍來減輕負荷。

總結

以完整團隊的方式領導團隊，在系統生命週期的每個階段皆以終生學習為中心，並藉由以下行動來實現目標：

- 進行充分的一對一交流。

- 管理專案範圍和跨組織關係。

- 為團隊營造人與人之間的交流空間。

- 鼓勵任務的合作，並承擔彼此的責任。

- 減少無助於交付任務或清償技術債務的開銷。

- 鼓勵整個團隊一同解決共同的難題。

- 針對團隊的優先順序和限制，提供明確且定期的意見回饋。

- 授予人們以希望表達的方式分享意見的權限。

- 鼓勵開放且透明的工作環境。

結論

想必讀者已經看完了這本書，希望讀者在面對眼前多重的選擇更具信心，能夠從混亂的系統中找到可靠、永續的方向，並採用現代系統管理的技術、工具和實踐做法。

在整本書裡，我為讀者提供一條道路，幫助各位瞭解現有的系統和實踐方法，活用這些實務經驗和基礎架構程式碼來建構系統，並監控和調整這些系統的規模。也許你是一章接著一章循著這條路徑來走，或者可能直接跳到你目前面臨最關切的問題。無論你在旅程中的哪個階段、無論你是一名有經驗的系統管理員，還是一名在職涯中初次學習維運的工程師，本書的資源都為你指引一條明路，思考你的系統並瞭解如何一步步應付下一個挑戰。

請回憶一下〈現代系統管理簡介〉圖 I-2（與圖 C-1 相同）中，系統管理與徒步旅行的比較。

圖 C-1　未來充滿希望，而你的道路方向不明。然而憑藉你本身的知識、經驗、成長思維和合作夥伴，你可以自信地前進，知道你將能夠應付前方的一切挑戰（圖像由 Tomomi Imura 繪製提供）。

在徒步旅行當中，一旦攀爬到達山頂，必須再次下山，以便攀登下一座山。同理，在系統管理之中，你必須離開一個系統，然後才能接受下一個挑戰。離開可能代表將你現有的客戶遷移到新的系統，優雅地淘汰一個系統，將系統移交給新進工程師進行維護；或者離開一家公司開始嶄新的角色。就像每次旅程一樣，你有機會行走在新道路上，不斷地成長、學習並調整你的方法。

正如我分享了一些自身的故事和挑戰，鼓勵大家透過參加會議（例如，走廊大廳上的交流、聚會或演講）、撰寫部落格（如 dev.to、季節性的 sysadvent 或你自己的平台）或是一些短文（如 LinkedIn 貼文）來分享你的故事和經驗。

請記得隨時在 LinkedIn（*https://www.linkedin.com/in/sigje*）或 dev.to（*https://dev.to/sigje*）上標記我的分享。

　　— Jennifer

通訊協定實務

站在第 1 章的基礎上，讓我們看一個實際運用 Web 協定的例子：HTTP、QUIC 和 DNS，瞭解協定有助於解釋系統之間真正的通訊方式。隨著 Web 需求的演變，這些協定也在不斷地改進。

超文件傳輸協定

HTTP 涵蓋一組 Web 標準，描述了系統在 Web 上的通訊方式。不同的 HTTP 伺服器類型針對不同的使用情況進行了最佳化，從像是 Apache Tomcat 運行 Web 程式碼的應用程式伺服器（*https://tomcat.apache.org*），到像是 Squid 快取伺服器（*http://www.squid-cache.org*），再到如 Apache HTTP 伺服器專案的 Web 伺服器（*https://httpd.apache.org*）。現代 Web 堆疊可以整合多部 HTTP 伺服器提供服務。

最初，HTTP 被設計為用戶端／伺服器、請求／回應的協定。你可以使用 Wireshark 和 tcpdump 來監看流量並重建 Web 對話，因為通訊是以明文進行。

經過一段時間，HTTP 發生了變化。其中一個改變是 HTTP 標頭利用 HTTP 請求或回應來傳遞附加資訊（*https://oreil.ly/z87B9*）。從歷史上來看，自訂專屬標頭使用了 X 開頭的名字，但已遭到淘汰（*https://oreil.ly/baSAc*）。HTTP/1 和 HTTP/2 的 HTTPS 使用了 TLS、TCP 和 IP（見圖 A-1）。

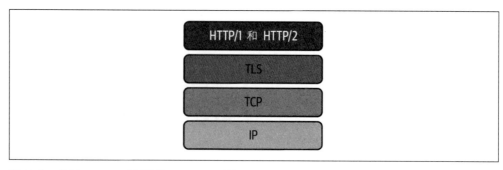

圖 A-1　使用 TCP/IP 模型的 HTTPS 堆疊

兩個系統在透過 HTTP/1 通訊之前，必須先建立 TCP 連線。HTTP/1.0 會替每個 HTTP 請求 / 回應建立一個獨立的 TCP 連線。為每個 HTTP 請求建立一系列個別的 TCP 工作階段，明顯會增加間接成本。

HTTP/1.1 採用了 Connection 標頭，允許後續對同一台伺服器的請求重複使用 TCP 連線。特別是當用戶端不在伺服器本地時，重複使用已建立的 TCP 連線能減少請求的整體延遲，因為設置 TCP 連線的三向交握會增加間接成本。

HTTP/2 採用新的二進制訊框層，對 HTTP 請求訊息的傳輸進行最佳化，並透過以下方式減少載入 Web 頁面的延遲：

- 在同一個 TCP 連線上進行請求和回應的多工處理。
- 對 HTTP 標頭資料進行壓縮。
- 請求訊息的優先順序。
- 伺服器推播。

HTTP/2 保留了 HTTP/1.0 和 HTTP/1.1 的核心概念，包括方法、狀態碼、標頭欄位和 URI。因此，你無須更改現有的 Web 應用程式，即可獲得效能改善的好處。除此之外，HTTP/2 改變了用戶端和伺服器之間的資料格式和傳輸方式。

多工連線允許處理多個獨立的資料串流，其中一個資料串流的封包遺失不會干擾到其他資料串流。不過，透過 TCP 執行的 HTTP/2 仍然容易受到隊首阻塞（head-of-line-blocking）問題的影響。假如其中有任何封包延遲或遺失，都會干擾資料流的傳送。

HTTP/3 標準（*https://oreil.ly/raR0k*）是從單獨的 TCP 工作階段換成了 QUIC 連線，下一節將進行討論。

儘管 HTTP 多年來推動了 Web 的普及，其架構乃是基於通訊雙方之間的信任。人們並未設計完整性或機密性，因為目標是開放給研究和通訊之用，而非防止惡意使用者修改或讀取流量。如今，大多數瀏覽器預設要求透過 TLS 使用 HTTP/2，並在使用者嘗試造訪舊式非安全的 Web 伺服器時發出警告。

你可以設置從 http:// 到 https:// 的 301 重新導向，但無法阻止惡意攻擊者擷取 Cookie 或工作階段 ID，甚至強制重新導向到釣魚網站的機會。HTTP 強制安全傳輸（HSTS）標頭會告訴瀏覽器永遠不要使用 HTTP，而應自動切換為 HTTPS 請求（請參見範例 A-1）。

範例 A-1　HSTS 標頭的基本語法

```
Strict-Transport-Security: max-age=<EXPIRY TIME>
```

過程如下：

1. 瀏覽器首次使用 HTTPS 存取網站。

2. 網站傳回 HSTS 標頭。

3. 瀏覽器儲存此資訊，所有之後的連線都將使用 HTTPS（在 *max-age* 秒期限時間內）。

只要使用者在標頭指定的 *max-age* 秒內造訪網站，瀏覽器將自動使用安全連線，甚至不會嘗試 HTTP。將 includeSubDomains 旗標加入到標頭，表示此原則將套用於所有的子網域。

請小心使用 includeSubDomains 旗標。如果你的組織所維運的傳統服務無法支援更新 SSL/TLS，就有可能會引發問題，並難以排除異常問題。

若是相容於 HSTS 的瀏覽器無法確認憑證的安全性，則會中止所有相容於 HSTS 的伺服器之連線。

讀者可以從下列網址瞭解更多有關 HSTS 的資訊：

- OWASP HTTP 強制安全傳輸技術備忘單（*https://oreil.ly/09Wim*）。

- HTTP 強制安全傳輸技術（HSTS），RFC 6797（*https://oreil.ly/eLrbS*）。

用戶端會利用伺服器憑證來驗證伺服器的真實性。在初次的 TLS 交握過程中，用戶端會和伺服器互相交換一個用於加密工作階段的金鑰。此金鑰需要用於解密和分析 HTTP/2 擷取的封包。若是沒有它，你是可以擷取加密的封包，然而無法解密和理解內容。在開始擷取之前，請設置環境變數 **SSLKEYLOGFILE** 以擷取工作階段金鑰。瀏覽器會將金鑰附加到你定義的文件裡。

假如想在用戶端上對工作階段（session）進行除錯，請在開始擷取工作階段金鑰之前，先設置環境變數 **SSLKEYLOGFILE**（*https://oreil.ly/9Yili*）。瀏覽器就會將金鑰附加到你定義的文件之中。

要瞭解更多有關 TLS 協定的資訊，請參見 RFC 8446「The Transport Layer Security（TLS）Protocol Version 1.3（傳輸層安全性（TLS）協定 1.3 版）」（*https://oreil.ly/IRdTS*）。

QUIC

QUIC（快速）協定最初在 2012 年由 Google 引進，旨在解決 HTTP 應用層和 TCP 傳輸層在使用者體驗方面的不足之處，並於 2021 年 5 月成為建議標準（*https://oreil.ly/6Mg5J*）。

截至 2022 年 6 月為止，新興的 HTTP/3 標準成為建議標準（*https://oreil.ly/uSfvB*），涵蓋了使用 QUIC 協定的傳統 HTTP 語義（請求方法、狀態代碼和訊息欄位）。截至 2022 年 11 月為止，超過四分之三的 Web 瀏覽器（*https://oreil.ly/n3qVI*）和四分之一的網站（*https://oreil.ly/bViGD*）支援 HTTP/3。隨著 HTTP/3 協定經過 IETF 的審核通過而成為正式標準，這些佔有率可能會迅速成長，就像 QUIC 本身已經達到的程度。

如圖 A-2 所示，HTTP/2 的層次分明，但 HTTP/3 卻有部分重疊，因為 QUIC 協定既包括應用層，亦包含傳輸層。

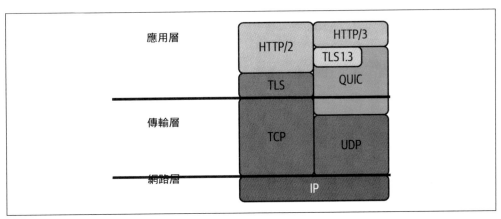

圖 A-2　HTTP/2 和 HTTP/3 的比較：可以想像成一盒夾層蛋糕，直接切開蛋糕的每一層

QUIC 從 TCP 改用 UDP 傳送 HTTP/3 的相關流量，突破了 HTTP/2 的限制。採用 UDP 能夠省去 TCP 工作階段管理所需的間接成本。雖然 UDP 會增加未收到封包的錯誤機會，然而在實際應用中，對於相對穩定的網路而言，封包遺失率很低。偶爾重新傳送資料所花的時間要比管理 TCP 工作階段來得少。

利用 QUIC 協定帶來的其他優勢包括：

- 正向錯誤修正是在應用層中進行，用以彌補因缺乏 TCP 工作階段的管理而引起錯誤處理能力的不足。

- TLS 不但強制使用加密，並且在初始交握的一部分程序中，以高效方式建立保護工作階段金鑰的安全。而工作階段金鑰是用於每一次傳送的請求 / 回應，每個封包皆利用金鑰進行個別加密。不像 TCP，通常必須等待完整的位元組串流才能進行加密，無論服務如何，使得 QUIC 更加安全。

- 對於網路連線切換的支援性更佳。例如當行動裝置在 Wi-Fi 和蜂巢之間切換資料連線時，會更改裝置的 IP 位址。就 TCP 來說，將導致所有活動連線超時和失敗，接著再度開始新的連線。而 QUIC 是替用戶端的每個連線提供唯一的 ID 來克服此問題；當切換網路時，伺服器會發現相同裝置現在使用不同的 IP 位址，且現有的工作階段可以像以前一樣繼續多工作業。

嘗試使用 HTTP/3 的軟體會在必要情況下，降回到傳統的協定。舉例來說，一些網路管理員選擇限制網路邊界之外的 UDP 流量。

網域名稱系統

組織會透過 DNS 記錄網域中的所有主機位址，並和其他站台共享這些資訊。DNS 是一種分散式、階層式和複寫的資料庫，將人類可讀的主機名稱轉換成 IP 位址。

 DNS 與網域名稱註冊兩者是分開進行的。註冊機構負責管理頂級網域名稱（TLD），即網域名稱的最後一段，包括 *.com*、*.net* 和 *.org*。註冊機構將網域名稱的註冊工作委託給網域註冊商，由這些註冊商處理網域名稱的預留作業。

一些系統管理員管理著 DNS 伺服器。隨著雲端服務的出現，系統管理員更傾向於使用托管的 DNS 服務，因為可以減少因配置錯誤而使整個站台癱瘓的風險。使用全球服務供應商的 DNS 仍然會發生問題，但發生的可能性要小得多。每個紀錄約為 0.50 美金，使系統管理員可以將時間集中在其他維運的問題上。

DNS 協定由兩個部分組成：解析 DNS 查詢的查詢 / 回應訊息及 DNS 伺服器之間交換的資料庫紀錄。

DNS 查詢包含了完整網域名稱（FQDN），此名稱是指 DNS 階層結構中的特定資源。用戶端和 DNS 伺服器可以提供快取的回應，最長時間係由紀錄上的存活時間（TTL）指定的秒數所決定。否則，由授權伺服器提供 DNS 回應。

除了名稱解析之外，DNS 也用來提供以下功能：

負載平衡

利用循環式 DNS（Round-robin DNS）可以實現負載平衡，無須任何額外的硬體或軟體。若要替無狀態服務實現循環式 DNS，請在 DNS 紀錄中針對所有服務的複本設定 IP 位址。對於每個 IP 位址的查詢，DNS 伺服器將重新排序 IP 位址的回應，以便分散主機的請求。倘若其中一個複本失敗，DNS 不會執行任何驗證。因此根據 TTL 和在任何用戶端清除 IP 位址快取之前，會有一定比例的請求發生失敗。

功能管理

通常客戶需要使用完整網域名稱（FQDN）來存取服務。透過設置指向部署特定版本軟體的 CNAME，就能在希望釋出新版軟體時，更新 CNAME 指向的位置。

服務搜尋

網域名稱的擁有者是透過加入 SRV 紀錄來定義服務端點，包括指定服務的主機、可存取的埠號、優先順序和權重。

電子郵件授權和驗證

隨著釣魚網站和偽裝攻擊事件的增加，DNS 新增一種機制，可以用來驗證電子郵件，包括 DKIM 和 SPF。

早期的 DNS 與 HTTP 協定一樣，沒有任何安全防護功能，容易受到配置錯誤或惡意攻擊的影響。例如，偽造或人為操縱的資料被用於 DNS 快取污染攻擊，將流量重新導向到冒名頂替的網站。DNS 安全擴充（DNSSEC）規範提供了一種向下相容的方式，運用加密驗證、資料完整性和其他改進措施來保護 DNS 訊息。然而 DNSSEC 不會加密 DNS 本身的流量，無法提供隱私安全，因此出現了保護 DNS 流量的協定，如 DNSCrypt、DNS over TLS（DoT）和 DNS over HTTPS（DoH）。

更多資源

想要深入瞭解 DNS，可以參考以下資源：

- *DNS and BIND Cookbook* 是由 Cr icket Liu 撰寫的著作，可在 O'Reilly 網站上找到（*https://oreil.ly/OhGCx*）。

- Domain Names: Implementation and Specification（網域名稱：實作和規格，見 RFC 1035，*https://oreil.ly/26quq*）。

- 假如你要負責管理電子郵件或組織內發送的電子郵件活動，請務必瞭解 DKIM、SPF 和網域型郵件驗證、報告和一致性（DMARC）等相關標準：

- DKIM（*http://www.dkim.org*）。

- DMARC 概觀（*https://dmarc.org/overview*）。

- Email Authentication for Internationalized Mail（國際化郵件的 Email 驗證標準 RFC 8616，*https://www.rfceditor.org/info/rfc8616*）。

解決測試失敗的問題

在第七章的基礎上,將帶領大家深入瞭解不同類型的測試失敗(環境問題、測試邏輯缺陷、變更假設條件、測試不穩定以及實作缺陷)。

測試失敗類型 1:環境問題

環境問題或許非常令人沮喪,尤其是在不同服務之間大規模的端到端測試中,可能會發生諸多狀況。請確保有足夠的單元測試覆蓋率,因為單元測試不容易受到環境問題的影響。環境也許會出現許多問題,包括:

- 測試環境在規模或功能上與上線環境不一致。

- 某種功能可能代價高昂,例如監控代理程式不應該受到影響,但實際上卻有。

- 由於缺乏本機測試環境的瞭解,因此無法設置本機測試環境。

- 無固定的依賴關係,使其在不同環境中有所變化。

- 第三方持續整合和部署服務發生失敗。

這只不過是一些可能導致測試失敗的環境問題案例。

共用測試環境的後果，或許會導致人們堅持認為不需要測試環境，而是直接在上線環境中採用功能旗標和金絲雀測試（canary testing）。功能旗標能夠控制僅開放功能給一部分使用者使用，或者在必要時關閉功能。而金絲雀測試允許你提供功能或產品給一部分使用者的接觸，以確定版本的品質是否達標；假如確實如此，則繼續部署。如果使用者反映問題，則可以將它們改回標準體驗。

沒有任何一種測試環境可以百分之百神複製正式的上線環境。在上線環境中使用功能旗標和金絲雀測試的意義重大，目的是改進回饋並降低大規模更動正式上線環境的風險。

開發人員對於從測試環境獲得持續快速和初期回饋的需求仍維持不變。當需要延長回饋時間（即等待部署到上線）的時候，工作就會出現差錯。在此情況下，這是數分鐘到數天之間的差異。經過一段時間，這些差距就會擴大。

此外，共用測試環境能創造一個實驗性和探索性測試的安全場所。然而主管可能會將共用測試環境視為開銷成本，而沒有充分評估投資報酬率。

為了避免高層認為是資源浪費的情況，一種方式是透過基礎架構自動化來監控和管理測試環境的建立和除役。在有需要時就有測試環境可供使用，而且環境一致且能重複利用，以便需要進行測試的工程師可以在需要時獲得存取權限。你可以單獨使用測試環境，善用閒置系統和避免浪費時間排隊的情況。

有時環境條件完全超出你的控制，比方說，第三方 CI/CD（持續整合 / 持續部署）服務出現障礙，例如 GitHub、Travis 或 CircleCI 停機。因不需要個人專門確保這些所需服務在本地運行，使得外包這些服務具有短期到中期的價值。第三方服務肯定會出現異常情形。請考慮以下問題來制定緩解計畫：

- 在第三方服務停機時，你要如何繼續編寫程式碼？
- 你要如何進行測試？
- 你要如何向客戶交付價值？
- 倘若資料遺失，該怎麼辦？

例如，如果測試沒有警告失敗，無法保證一切都沒問題。也許是第三方系統已經失敗，並且不再認為需要管理此項目。

測試失敗類型 2：測試邏輯缺陷

有時，發現的問題是源自於你解釋需求或客戶表達需求的方式所致。程式碼執行正確，但測試失敗了。這些測試失敗揭示了合作或溝通方面的一些問題。例如可能存在缺少、不清晰或不同步的資訊。更糟糕的是，假使未測試正確的內容，也許你不會發現到問題。當你檢測到由於測試邏輯缺陷而引起失敗時，請修改測試，檢查導致缺少前後相關的程式碼，並解決它們。

產品不斷地在發展。有些時候，從最初的設計會議到開發人員實作的這段期間，規格產生變化，一度有效的測試現在可能會導致失敗。

倘若測試失敗是由於測試邏輯的缺陷造成，請修正測試並評估問題發生的地方：

- 最初的討論是否未邀請所需的人員？

- 需求蒐集過程中，測試的驗收標準與客戶需求是否保持一致？

- 當實作發生變化時，反映的意見是否尚未回歸到討論和設計？

根據你的開發流程以及軟體進度的不同階段，溝通和合作可能會在各個方面出現障礙。

測試失敗類型 3：變更假設條件

有時你可能對某些事情發生的情況做出假設，而這些假設情形是正確的，其他時候卻未必如此。檯面下的情況在發生變化之前，這些假設的情形是看不到的。譬如，你更改了測試執行的時間，現在任何不符合程式碼改版的測試均失敗了。當特定任務的作業順序以及資料庫發生變化時，這些假設才會浮出檯面。

由於變更假設條件而導致測試失敗，突顯出之前的程式碼或測試本身存在未知的脆弱性。

自動化測試需要的是確定性，唯有找出隱藏的假設並使其明確化，有助於消除不穩定的測試。它也可以是一個領域範圍，其中並非進行端對端測試，而是更接近元件本身的測試，即使更改介面也不會引發失敗。

測試失敗類型 4：測試不穩定

測試不穩定是指在相同配置情況下，測試結果有時候成功或是失敗；通常在更複雜的測試裡，比如整合測試和端對端測試就會遇到這種狀況。當發現到測試不穩定時，務必重構或消除它們，讓它們停止產生干擾。

測試不穩定的常見原因包括：

快取

應用程式是否依賴於快取資料？快取區分眾多的類型，而且快取可能導致測試出現問題。舉例來說，對於 Web 快取而言，用於呈現 Web 頁面的重要檔案可能會被存放在 Web 伺服器、邊緣服務或瀏覽器內部的快取裡。只要這些階層中的任何一個快取內的資料是過時的，測試就會變得不穩定。

測試執行個體的生命週期

關於測試執行個體的安裝和卸載的原則是什麼？假如環境被重複使用或多人租用，測試可能無效或返回不一致的結果。在測試環境中定期執行還原工作，簡化所有測試執行個體的安裝和清理程序，可以減少測試不穩定的機會。

設定不一致

當環境不一致或測試情況與真實世界的正式環境不符時，就有機會引起問題。比如，假設某些功能依賴於時間，一個環境正在同步到 NTP 伺服器，而另一個則沒有。在此情況下，測試的反應方式或許會產生衝突，特別是在特殊情況下（即在夏令時間改變期間）。因此要使用測試環境的基礎架構程式碼來維護設定的一致性。

運算環境失敗

有時候測試本身很正常，但它會暴露出運算環境的潛在問題。應該有一些監控手段在問題發生時，令問題現出原形，而非浪費時間對不存在的問題進行偵錯。

第三方服務

你的組織將會越來越依賴第三方服務，並專注於業務價值的領域。當這些服務產生問題時，可能會影響到你的整合和端對端測試。因此重點是隔離這些挑戰，並確保可以準確找出問題發生的地方，就像處理基礎架構的失敗一樣。

測試失敗類型 5：實作缺陷

實作缺陷是筆者列出清單中的最後一項，想必你已經建立了測試來尋找程式碼的缺陷。在評估測試發生失敗時，首先會很自然地注意程式碼的缺陷，而不是查看其他任何事情。正確做法是，在深入處理實作缺陷之前，查看你的環境條件，考慮是否存在錯誤的測試邏輯，以及是否有任何假設條件發生變化。

當你發現到程式碼的問題，並能夠確認其重複與否以及發生頻率時，請按照以下步驟處理：

1. 清晰描述問題，包括發生的情況、如何發生、重複問題的步驟以及任何基礎架構的版本資訊（軟體、應用程式、運算環境等）。如果你是親自發現了問題，請加入一個測試，以便下次自動找到它。

2. 一旦你撰寫了缺陷報告，就需要追蹤它，確保有人負責解決問題。

3. 與團隊合作時，請根據工作排程項目的重要性，按照優先級別處理報告。一旦團隊解決了問題，請檢驗問題是否已解決，重新檢查是否需要更改任何邊界條件，然後將缺陷報告結案。

4. 如果 bug 的優先級別不夠高，無法開始處理或指定負責人，則檢查報告是否應保持公開。長期的 bug 報告保持公開會給團隊帶來認知的負擔。

我不建議立即指派或結案所有報告，而是建議評估問題，積極處理你想確保解決的重大問題。

索引

※ 提醒你：由於翻譯書排版的關係，部分索引名詞的對應頁碼會和實際頁碼有一頁之差。

E

P

W

Z

關於作者

Jennifer Davis 是一名經驗豐富的工程經理、維運工程師、國際演講者兼作家。其他著作包括《*Effective DevOps*》和《*Collaborating in DevOps Culture*》。Jennifer 熱衷於社群事務，曾發起及參與許多會議，並創立名為 CoffeeOps 的國際社群，旨在促進公司之間的對話和合作。Jennifer 曾經待過各種公司，從初創公司到大型企業，改善實踐維運並鼓勵永續行業的工作。

出版記事

《現代系統管理》封面上的鳥是一種普通的天堂翠鳥（學名為 *Tanysiptera galatea*）。翠鳥共有九種，其中只有兩種分布在巴布亞新幾內亞以外的地方（澳大利亞和印度尼西亞）；普通的天堂翠鳥棲息在島上的雨林中。

天堂翠鳥全身被鮮豔藍色的羽毛覆蓋，胸部的羽毛是白色的；嘴喙為明亮的橙紅色，長而尖銳；兩條尾翼超出了尾羽之外，使其身長可達 30 ～ 45 公分。普通翠鳥的體重約為 56 公克。主食為昆蟲，比如蠕蟲和蚱蜢，這些昆蟲可以在牠們生活的森林中找到。

幸好天堂翠鳥的保護狀況屬於「無危」。然而 O'Reilly 書籍封面上的許多動物都處於瀕臨絕種的狀態，對世界來說牠們非常重要。

這幅彩色插圖是由 Karen Montgomery 繪製，係根據《英國百科全書自然史》的黑白雕刻而來。

現代系統管理｜可靠及永續的系統管理

作　　者：Jennifer Davis
譯　　者：林健翔
企劃編輯：詹祐甯
文字編輯：詹祐甯
特約編輯：楊心怡
設計裝幀：陶相騰
發 行 人：廖文良

發 行 所：碁峰資訊股份有限公司
地　　址：台北市南港區三重路 66 號 7 樓之 6
電　　話：(02)2788-2408
傳　　真：(02)8192-4433
網　　站：www.gotop.com.tw
書　　號：A742
版　　次：2024 年 04 月初版
建議售價：NT$680

國家圖書館出版品預行編目資料

現代系統管理：可靠及永續的系統管理 / Jennifer Davis 原著；
林健翔譯. -- 初版. -- 臺北市：碁峰資訊, 2024.04
　　面；　公分
　　譯自：Modern system administration.
　　ISBN 978-626-324-774-1(平裝)
　　1.CST：系統管理　2.CST：作業系統
312.53　　　　　　　　　　　　　　　　113002796